Ernst Probst

Bigfoot - Der Affenmensch aus Nordamerika

GRIN Verlag

Bibliografische Information der Deutschen Nationalbibliothek:

Die Deutsche Bibliothek verzeichnet diese Publikation in der Deutschen National-
bibliografie; detaillierte bibliografische Daten sind im Internet über http://dnb.d-
nb.de/ abrufbar.

Impressum:

Copyright © 2012 GRIN Verlag, Open Publishing GmbH
Druck und Bindung: Books on Demand GmbH, Norderstedt Germany
ISBN: 978-3-656-37415-2

Nordamerikanischer Affenmensch „Bigfoot",
Zeichnung von User „Lizard King" bei „Wikipedia"

Ernst Probst

Bigfoot

Der Affenmensch
aus Nordamerika

Meinen Enkelkindern
Max, Paula und Jana gewidmet

Bigfoot: Der Affenmensch mit den großen Füßen

Leben in Wäldern der USA und von Kanada heute noch riesige Affenmenschen namens „Bigfoot" („Großfuß") bzw. „Sasquatch" („haariger Riese")? Bis zu drei Meter groß sollen diese zotteligen Geschöpfe sein und bis zu 60 Zentimeter lange Fußabdrücke hinterlassen. Von solchen Monstern mit unterschiedlichen Namen wie „Sasquatch", „Omah", „Kala'litabiqw" oder „Windigo" erzählten bereits die indianischen Ureinwohner und die ersten weißen Siedler.

Erstaunlich viele Nordamerikaner berichteten noch im 20. Jahrhundert mehr oder minder phantasievoll über Sichtungen von Affenmenschen, die nicht immer friedlich verlaufen sein sollen. Die angeblichen Beweise für die Existenz dieser Lebewesen in Form von Augenzeugenberichten, Fotos, Filmen, Kadavern und imposanten Fußabdrücken sind sehr umstritten. Worum es sich bei den Affenmenschen „Bigfoot" bzw. „Sasquatch" handeln soll, darüber streiten sich Experten.

Ernst Probst, der Autor des Taschenbuches „Bigfoot. Der Affenmensch aus Nordamerika", ist weder Kryptozoologe, noch glaubt er an die Existenz von Affenmenschen, die überlebende prähistorische Menschenaffen, Frühmenschen oder Urmenschen wären. Aber er kann nicht ausschließen, dass in abgelegenen Gegenden der Erde noch bisher unbekannte Affen oder Menschenaffen ein verborgenes Dasein führen.

Erst 1902 wissenschaftlich beschrieben: der Berggorilla

Denn von 1900 bis heute sind erstaunlich viele große Tiere erstmals entdeckt und wissenschaftlich beschrieben worden. Darunter befinden sich auch Primaten wie der Berggorilla (1902), der Kaiserschnurrbarttamarin (1907), der Bonobo (1929), der Goldene Bambuslemur (1986), der Goldkronen-Sifaka oder Tattersall-Sifaka (1988), das Schwarzkopflöwenäffchen und der Burmesische Stumpfnasenaffe (2010).

Nach Ansicht von Kryptozoologen, die weltweit nach verborgenen Tierarten (Kryptiden) suchen, leben auf der Erde noch zahlreiche unbekannte Spezies, die ihrer Entdeckung harren. Bisher sind auf unserem „blauen Planeten" etwa 1,5 Millionen Tierarten bekannt. Manche Wissenschaftler vermuten, dass mehr als 15 Millionen Tierarten noch unentdeckt bzw. unbeschrieben sind.

Der verhältnismäßig junge Forschungszweig der Kryptozoologie wurde von dem belgischen Zoologen Bernard Heuvelmans (1916–2001) um 1950 benannt und gegründet. Er sammelte Tausende von Berichten, Legenden, Sagen, Geschichten und Indizien verborgener Tiere und prägte durch seine Fleißarbeit die Kryptozoologie nachhaltig.

Als Zweige der Kryptozoologie gelten die Dracontologie, die sich mit den Wasserkryptiden befasst, die Hominologie, die sich mit Affenmenschen beschäftigt, und die Mythologische Kryptozoologie, welche die Entstehungsgeschichte von Fabelwesen erforscht. Der Begriff Hominologie wurde 1973 durch den russischen Wissenschaftler Dmitri Bayanov eingeführt. In der Folgezeit haben Kryptozoologen verschiedene Untergliederungen der Hominologie vorgeschlagen.

Die Kryptozoologie bewegt sich teilweise zwischen seriöser Wissenschaft und Phantastik. Kryptozoologen wollen

Schneemensch „Yeti" im Himalaja,
Illustration von Philippe Semeria

nicht glauben, dass unser Planet schon sämtliche zoologischen Geheimnisse preisgegeben hat, obwohl Satelliten regelmäßig die ganze Erdoberfläche überwachen. Nach ihrer Ansicht bleibt das, was unter dem Kronendach tropischer Regenwälder oder in den Tiefen der Ozeane existiert, selbst modernster Spionage-Technik verborgen. Kryptozoologen zufolge gibt es auf der Erde noch erstaunlich viele bisher unbekannte Tierarten zu entdecken.

Auf allen fünf Erdteilen – so glauben Kryptozoologen – leben beispielsweise große Affenmenschen. Die bekanntesten von ihnen sind „Yeti" im Himalaja, „Bigfoot" bzw. „Sasquatch" in Nordamerika, „Orang Pendek" auf Sumatra und „Alma" in der Mongolei. Als Affenmenschen gelten auch „Chuchunaa" in Ostsibirien, „Nguoi Rung" in Vietnam, „De-Loys-Affe" in Südamerika, der „Stinktier-Affe" aus Florida, „Yeren" in China und „Yowie" in Australien.

Affenmenschen heißen – laut „Wikipedia" – „affenähnliche", das heißt nicht mit allen Merkmalen der Art *Homo sapiens* ausgestattete Vertreter der „Echten Menschen" (Hominiden). Sie gehören zu den bekanntesten Landkryptiden.

Kanadischer Kartograph und Forschungsreisender
David Thompson (1770–1857)

12

Bigfoot und Sasquatch

„Großfuß" mit Schuhgröße 61

Indianer erzählten bereits seit vielen Generationen, in der Wildnis der nordamerikanischen Wälder lebe ein großes, zotteliges Monster. Die Rothäute im nördlichen Kalifornien bezeichneten es als „Omah", diejenigen im Skagit Valley des US-Bundesstaates Washington als „Kala'litabiqw" und jene in British Columbia (Kanada) als „Sasquatch" („haariger Riese" oder „stark behaarter Mensch"). Vor einem kannibalistischen Waldmonster namens „Windigo" fürchteten sich die Algonqin im nordöstlichen Nordamerika. Seine Schreie trieben sogar die tapfersten Krieger zur Flucht.
Auch die ersten weißen Siedler in Nordamerika erzählten allerlei Geschichten über merkwürdige „Waldmenschen" in ihrer neuen ‚Heimat. Diese Geschöpfe wurden meistens als bösartige, behaarte Teufel, die in Wäldern lebten, geschildert.
1811 entdeckte der Kartograph und Forschungsreisende David Thompson (1770–1857) angeblich als erster Weißer erstaunlich große, menschenähnliche Fußspuren unweit von Jasper in Alberta (Kanada). Nach Ansicht von Kryptozoologen sollen die Fußabdrücke, die Thompson in seinen Aufzeichnungen erwähnte, von einem „Sasquatch" stammen. In der Folgezeit sammelte man Meldungen über ungewöhnliche Sichtungen und Funde.
Der älteste bekannte Zeitungsartikel über eine Sichtung von „Bigfoot" in Nordamerika erschien am 6. September 1818 im „Exeter Watchman" im US-Bundesstaat New York. Darin ist von einem Mann, dessen Glaubwürdigkeit außer Zwei-

Amerikanischer Pionier
Daniel Boone (1734–1820)

14

fel stehe, die Rede, der am 30. August 1818 nahe von Ellisburgh ein Tier gesehen habe, das dem „wilden Mann der Wälder" ähnle. Das Geschöpf tauchte angeblich aus einem Wald auf, schaute den Mann kurz an und flüchtete.

Der legendäre amerikanische Pionier Daniel Boone (1734–1820) berichtete einmal, er habe einen zehn Fuß großen, haarigen Riesen erschossen, den er „Yahoo" nannte. Wenn diese Größenangabe zuträfe, hätte er ein ungefähr drei Meter großes Lebewesen erlegt. Boone war ein tüchtiger Jäger, schoss manchmal an einem einzigen Morgen ein Dutzend Hirsche und kämpfte oft mit Shawnee-Indianern. Der Roman „Der letzte Mohikaner" von James Fenimore Cooper (1789–1851) basiert teilweise auf der Entführung der Boone-Tochter Jemima durch Shawne-Indianer und deren Befreiung.

In den 1830-er Jahren kursierten Berichte über Sichtungen eines „wilden Kindes" unweit des Fish Lake in Indiana sowie in der Gegend von Bridgewater und im Township Silver Lake in Pennsylvania. Das nahe des Fish Lake beobachtete kastienbraun behaarte Lebewesen war 1,20 Meter groß und wurde oft auf Sandhügeln nahe des Sees oder beim Schwimmen erblickt. Angeblich ließ es grässliche Schreie und wimmernde Laute ertönen. Diese „wilden Kinder" könnten junge „Bigfoots" oder eine kleinere Unterart von diesen gewesen sein, wird spekuliert.

Seit mindestens 1834 erfolgten immer wieder Sichtungen eines riesigen „wilden Menschen" in den Counties St. Francis, Greene und Poinset von Arkansas. Beispielsweise erblickten zwei Jäger 1851 in Arkansas eine Viehherde, die von einem Tier verfolgt wurde, das stark einem Menschen ähnelte. Der Körper dieses Geschöpfes war völlig behaart. Seine langen Locken fielen vom Kopf bis auf die Schultern.

Missionar Reverend Elkana Walker (1805–1877),
Gemälde von John Mix Stanley (1814–1872) um 1860

Jene Kreatur warf nur einen kurzen Blick auf die Jäger, machte dann kehrt und rannte blitzschnell davon. Bei seiner Flucht machte der „wilde Mensch" riesige Sprünge von drei bis vier Metern. Seine Fußspuren waren knapp 36 Zentimeter lang. Dieses unheimliche Wesen deutete man damals als einen Überlebenden der Erdbebenkatastrophe von 1811, welche die Gegend verwüstet hatte.

1840 erfuhr der protestantische Missionar Reverend Elkana Walker (1805–1877) von indianischen Ureinwohnern abenteuerliche Geschichten über Riesen, die angeblich in der Gegend von Spokane (Washington) existieren sollten. Indianer erzählten, diese Riesen lebten auf Bergen und würden ihnen Lachse aus Fischernetzen stehlen.

Auf dem Gipfel des 2.455 Meter hohen Vulkans Mount St. Helens (Washington) sollen ruchlose „wilde Männer" gehaust haben, die sich als Kannibalen betätigten. Allerlei Geschichten über diese angeblichen Menschenfresser namens „Skoocoom" hat der irischstämmige, kanadische Maler Paul Kane (1810–1871), der den Mount St. Helens malte, von Indianern gehört und darüber 1847 berichtet. Der Begriff „Scoocoom" stammt aus der Sprache der Chinook, wo er „stark" oder „schnell" bedeuten soll, und der Klickitats.

Während der 1850-er Jahre sollen Goldsucher im Gebiet des Mount Shasta in Kalifornien wiederholt „Bigfoots" gesehen haben. Augenzeugenberichten zufolge besaßen diese „haarigen Riesen" lange Arme, aber kurze Beine. Eines dieser Geschöpfe ergriff angeblich einen sechs Meter langen Abschnitt einer Wasserrinne und schleuderte diese gegen einen Baum. Die Zerstörung von Ausrüstungsgegenständen und Habseligkeiten von Weißen, die in das Territorium der „Bigfoots" kamen, geschahen vielleicht, um die Eindringlinge zu vertreiben, wird spekuliert.

*Kanadischer Maler Paul Kane (1810–1871),
Selbstporträt zwischen 1846 und 1848*

18

Aus der Zeit vor 1920 sind aus Nordamerika insgesamt sechs Fälle bekannt, in denen „Bigfoot"-artige Lebewesen verschiedener Größe von Menschen eingefangen worden sein sollen. Falls dies der Wahrheit entspräche, erscheint es sehr merkwürdig, dass es heute nicht möglich ist, einen „Bigfoot" zu fangen oder zu erlegen.

In den 1930-er Jahren beschrieb ein französisch-kanadischer Priester einen Affenmenschen mit folgenden Worten: „Er trug keine Kleider. Sommer wie Winter war er nackt und fror nicht bei Kälte. Seine Haut war schwarz, wie die eines Negers. Er scheuerte sich wie die Tiere an Fichten, Rottannen und anderen harzigen Bäumen. Wenn er dann mit Harz bedeckt war, rollte er sich im Sand. Danach konnte man meinen, er wäre aus Stein."

In dem Buch „Qzark Country" (1941) von Otto Ernest Rayburn (1891–1960) ist nachzulesen, ein „Bigfoot" sei im 19. Jahrhundert in einer Höhle am Saline River in Arkansas gefangen worden. Zuvor war dieser „Riese aus den Bergen" oft in den Quachita Mountains angetroffen worden. Obwohl er niemand ein Leid zufügte, hatten die Menschen große Angst vor ihm und beschlossen, dieses mehr als zwei Meter große Geschöpf zu überwältigen. Nachdem dies mit Hilfe eines Lasso gelungen war, zog man dem „wilden Menschen" Kleider an, die er aber vor seiner Flucht aus einem kleinen Holzgebäude zerriss. Hinterher fing man ihn wieder ein. Wie diese Geschichte weiter ging, weiß man heute nicht mehr.

Kein Geringerer als der amerikanische Präsident Theodore Roosevelt (1858–1919) erzählte in seinem Buch „Wilderness Hunter" (um 1893) eine Geschichte aus der Mitte des 19. Jahrhunderts über im Wald lebende Riesen, die ihm ein Jäger namens Bauman geschildert hatte. Dieser Story zufolge hielten sich Bauman und ein mit ihm befreundeter Trapper

Amerikanischer Präsident
Theodore Roosevelt (1858–1919)

in den Bergen unweit des Wisdom River an der Grenze von
Idaho zu Montana auf. Während der Abwesenheit der beiden Männer zerstörte irgendjemand den Anbau ihrer Hütte
und durchwühlte ihren Besitz. Nach Fußspuren zu schließen, handelte es sich bei dem Eindringling um ein zweibeiniges Lebewesen. In der folgenden Nacht erwachte Bauman, roch Gestank und erblickte einen großen Schatten, auf
den er schoss. Bei der Rückkehr am nächsten Abend war der
Anbau erneut zerstört. Aus diesem Grund beschlossen die
beiden Männer am nächsten Morgen, jene Gegend zu verlassen. Beim Einsammeln ihrer Fallen im Wald trennten sie
sich. Bauman holte die letzten drei Fallen aus dem Wald,
während sein Begleiter zur Hütte zurückkehrte. Einige Stunden später traf auch Bauman an der Hütte ein, wo es seltsam
still war. Auf dem Erdboden lag sein Freund mit gebrochenem Genick. Am Hals des Toten waren Bissspuren von vier
Fangzähnen sichtbar. Der unbekannte Täter hatte im weichen Erdboden tiefe Fußabdrücke hinterlassen. Obwohl in
dieser traurigen Geschichte von keinen Affenmenschen die
Rede ist, wird sie oft in Abhandlungen über „Bigfoot" erwähnt.

In den späten 1860-er Jahren nervte und erschreckte ein „wilder Mensch", Gorilla oder Orang-Utan wiederholt viele Einwohner des Arcadia Valley im County Crawford in Kansas.
Dieses Geschöpf mit behaartem Gesicht, sehr langen Armen,
riesigen Händen und gebeugtem Gang bewegte sich meistens auf den Hinterbeinen, manchmal aber auch auf allen
vieren. Jene Kreatur näherte sich 1869 oft den Blockhütten
der weißen Siedler. Wenn die Männer nicht zuhause waren,
weil sie auf ihren Feldern arbeiteten, fürchteten sich die daheimgebliebenen Frauen und Kinder sehr vor dem unheimlichen Besucher, den die Siedler „Old Sheff" nannten. Weil

jenes Lebewesen sehr menschenähnlich war, wollten die Männer nicht auf es schießen. „Old Sheff" riss häufig Zäune um, was zur Folge hatte, dass das Vieh in Getreidefelder gelangen konnte. Offenbar war es für ihn leichter, einen Zaun umzureissen, als ihn zu übersteigen. Eines Tages gingen rund 60 Männer auf die Jagd nach „Old Sheff", doch dieser entkam. Im Arcadia Valley vermutete man, bei dem Plagegeist handle es sich um einen Gorilla oder um einen Orang-Utan, der vielleicht aus einer Tierschau im Osten der USA ausgerissen sei.

Ungewöhnlich verhielt sich ein ungefähr 1,50 Meter großer „Bigfoot" im Herbst 1869 in den Bergen etwa 30 Kilometer südlich des Orestimba Creek (Kalifornien). Er spielte in Abwesenheit eines Jägers namens Grayson etwa eine Viertelstunde lang mit brennenden Zweigen aus dessen Lagerfeuer. Dann kehrte er um, kam aber noch einmal zurück und ein Weibchen gesellte sich zu ihm. Schließlich drehten sich beide um und verschwanden im Unterholz. Dies konnte der Jäger aus einem Versteck beobachten, das er aufgesucht hatte, weil ihm bei der Rückkehr von der Jagd mehrfach aufgefallen war, dass Asche und verkohlte Holzstücke der Feuerstelle verstreut herumlagen. Nach mehr als zwei Stunden Warten war der seltsame Übeltäter erschienen.

Auffällig benahmen sich auch „wilde Männer", die man in den 1860-er Jahren im Norden von Nevada, 1894 in Dover (New Jersey), 1902 in Chesterfield (Ohio) und um 1913 auf der Labrador-Insel (Kanada) gesehen hat. In jedem dieser Fälle trug der Affenmensch angeblich einen Knüppel. Der „wilde Mann" in Nevada wurde nachts von einer großen Jagdgesellschaft verfolgt. Das Geschöpf mit feinen, langen Haaren trug in der rechten Hand einen Knüppel und in der linken ein Kaninchen. Als der Mond herauskam und die Kreatur die Gesellschaft bemerkte, raste sie am Lager vorbei, brüllte dabei wie ein Löwe, schwang einen riesigen Knüppel und attackierte wie wahnsinnig die Pferde. Die scharfen Bluthunde der Jäger weigerten sich, das merkwürdige Lebewesen zu verfolgen. Nach den Fußabdrücken zu schließen, muss es riesengroß gewesen sein.

In den 1870-er Jahren soll eine 17-jährige Indianerin in British Columbia (Kanada) von einem „Sasquatch" entführt worden sein. Der Affenmensch zwang sie angeblich, den Harrison River zu durchschwimmen und trug sie dann zu einem Felsunterschlupf, wo er mit seinen Eltern hauste. Nach einjähriger Gefangenschaft brachte der „wilde Mann" die Indianerin wieder nach Hause, weil sie ihm – nach Aussage der Entführten – lästig fiel.

Die kanadische Tageszeitung „Daily Colonist" erregte am 4. Juli 1884 mit einem Artikel über einen angeblich bei Yale in British Columbia gefangenen Gorilla kurze Zeit großes Aufsehen. Die Überschrift lautete: „What is it? A strange creature captured above Yale. A British Columbia Gorilla". Doch schon fünf Tage später am 9. Juli 1884 berichtete der „Mainland Guardian" in New Westminster, es sei kein solches Tier gefangen worden und man habe die Leser hinters Licht geführt. In der Zeitung „Britisch Columbian" las man am 11. Juli 1884, etwa 200 Menschen seien zu dem Gefängnis gepilgert, in dem der Gorilla namens „Jacko" angeblich festgehalten wurde. Dort trafen sie aber nur einen Mann an, der Fragen über eine Kreatur beantwortete, die nicht existierte.

Ungeachtet der frühen Hinweise auf eine Falschmeldung deuten etliche Kryptozoologen die Geschichte über „Jacko" als Beweis für die Existenz des Affenmenschen „Sasquatch". In dem Buch „Der amerikanische Yeti" von Janet und Colin

Amerikanischer Zirkuspionier
Phineas Taylor Barnum (1810–1891)

Bord heißt es, in den 1880-er Jahren sei in British Columbia angeblich ein junger „Bigfoot" eingefangen worden. Die Geschichte von „Jacko" werde von einer Reihe von Forschern mittlerweile für einen Schwindel gehalten, doch dieser Verdacht könnte allerdings bis jetzt noch nicht bewiesen werden. Im Juni oder Juli 1884 hätte ein Eisenbahner etwa 30 Kilometer von Yale in der Nähe der Gleise ein unbekanntes Wesen eingefangen, das knapp 1,45 Meter groß, etwa 57 Kilogramm schwer und vollständig mit langen, schwarzen Haaren bedeckt gewesen sei. Das seltsame Geschöpf sei mit Beeren und Milch gefüttert worden und man habe geplant, es nach London zu transportieren und dort auszustellen. Später habe man nichts mehr von „Jacko" gehört. Man vermute, er sei auf der Reise gestorben.

Um die Geschichte von „Jacko" rankten sich mancherlei Spekulationen. Der amerikanische Anthropologe Grover S. Krantz beispielsweise glaubte 1992, „Jacko" sei von dem amerikanischen Zirkuspionier Phineas Taylor Barnum (1810–1891) gekauft und als „Jo Jo", der „Dog Faced Boy" dem Publikum präsentiert worden. Aber der „Bigfoot"-Forscher Chad Arment bestritt 2006, dass „Jo Jo", der in vielen Sprachen reden und seinen Namen schreiben konnte, mit „Jackie" identisch war.

Während der ersten Hälfte des 20. Jahrhunderts trug John W. Burns, der im Chehalis-Reservat in British Columbia als Indianer-Agent und Lehrer tätig war, viele Berichte über haarige Riesenaffen zusammen. 1929 veröffentlichte er im kanadischen Magazin „Macleans's" einen Artikel hierüber und bezeichnete diese Geschöpfe als „Sasquatch". Insgesamt verfasste Burns mehr als 50 Zeitungsartikel. 1957 erklärte Burns in der „Vancouver Sun", bei den Affenmenscnen handle es sich nicht um Monster. Man solle diese harmlosen

*„Jo Jo", der „Dog Faced Boy", später „Dog Faced Man",
alias Fedor Jeftichew (1868–1904), in den 1880-er Jahren*

Wesen nicht fangen, um die Sensationslust neugieriger Menschen zu stillen.

Eine abenteuerliche Geschichte über seine angebliche Entführung in British Columbia (Kanada) durch einen „Sasquatch" im Jahre 1924 erzählte der Bauarbeiter Albert Ostman (um 1893–1975). Er verschwieg allerdings mehr als drei Jahrzehnte lang diesen schier unglaublichen Vorfall, weil er befürchtete, sich damit lächerlich zu machen. Erst als sich Berichte über „wilde Menschen" wie „Bigfoot" und „Sasquatch" häuften, gab er Einzelheiten über seine Entführung bekannt.

Ostman hatte 1924 auf Baustellen gearbeitet und fühlte sich urlaubsreif. Um sich zu erholen, entschloss er sich, in der Gegend des Toba Inlet in British Columbia nach Gold zu suchen. Aus diesem Grund schlug er in den Bergen sein Nachtlager auf. Bald fiel ihm auf, dass seine Sachen wiederholt durchstöbert wurden. Deswegen wollte er eine Nacht wach und angezogen im Schlafsack verbringen und sein Gewehr griffbereit halten, um den unbekannten Eindringling gebührend zu empfangen. Doch er schlief ein und erwachte erst, als ihn etwas vom Boden aufhob.

Ein sehr kräftiges, unheimliches Geschöpf trug Ostman im Schlafsack bergauf, bergab und wieder bergauf und zog ihn einmal auch hinter sich her. Zur schweren Tragelast gehörten auch ein Rucksack, in dem sich Büchsen befanden, sowie ein Gewehr mit Munition. Erst als der Träger nach einer Stunde auf einem steilen Berg schwer atmete und gelegentlich leicht hustete, erkannte Ostman, dass sein Entführer einer der riesigen, in den Bergen lebenden „Sasquatches" war, von denen ihm die Indianer erzählt hatten.

Nach schätzungsweise drei Stunden Nachtmarsch war der Entführer offenbar am Ziel und ließ Ostman zu Boden glei-

„Ape Canyon" („Affenschlucht")
unweit von Kelso im US-Bundesstaat Washington

ten sowie dessen Rucksack fallen. Dann hörte der Entführte Stimmen, die er aber nicht verstand. Erst als es allmählich hell wurde, erblickte Ostman vier behaarte Geschöpfe, bei denen es sich offenbar um Vater, Mutter, Sohn und Tochter handelte. Sie lebten in einem Tal, das von hohen Bergen umgeben ist.

Der Vater war nach Angaben von Ostman fast 2,50 Meter groß. Die zwischen 40 und 70 Jahren alte Mutter und der zwischen elf und 18 Jahre alte Sohn erreichten mehr als zwei Meter Körperhöhe. Nachts schliefen die vier „Sasquatches" unter einem überhängenden Felsen. Tagsüber gingen sie auf Nahrungssuche. Fleisch stand nicht auf ihrem Speiseplan. Irgendwann heckte Ostman einen Fluchtplan aus, bei dem sein Vorrat an Schnupftabak eine wichtige Rolle spielen sollte. Er wollte das Interesse des alten „Sasquatch" für Schnupftabak wecken und ihm soviel davon verabreichen, dass ihm übel wurde. Tatsächlich schlang der Alte eines Tages den ganzen Inhalt einer Schachtel mit Schnupftabak hinunter. Wie erhofft, wurde ihm sehr schlecht und er ging zum Wasser, um zu trinken. Dies nutzte Ostman, um seine Sachen zusammenzuraffen und zu flüchten. Um den Rest der „Sasquatch"-Familie abzuhalten, feuerte er sein Gewehr ab und entkam, ohne dass ihm jemand folgte.

Dramatisch verlief im Juli 1924 auch eine Begegnung mehrerer Männer mit „Bigfoots" in einem Canyon des Kaskadengebirges unweit von Kelso im US-Bundesstaat Washington. Den Canyon auf der Südostseite des Vulkans Mount St. Helens, in dem sich dies abgespielt haben soll, nannte man hinterher „Ape Canyon" („Affenschlucht"). Marion Smith, dessen Sohn Roy Smith, Fred Beck, Gabe Lefever und John Peterson schilderten später ihre Geschichte im „Portland Oregonian". Die fünf Männer suchten am Muddy, einem

Nordamerikanischer Affenmensch „Bigfoot“,
Rekonstruktion von User „LeCire“ bei „Wikipedia“

Nebenfluss des Lewis River, mehr als 70 Kilometer von Castle Rock entfernt, nach Bodenschätzen. Dabei erblickten sie vier riesige, mindestens 2,50 Meter große, aufrecht gehende Gestalten. Marion Smith behauptete, er habe einen „Bigfoot" mit seinem Revolver dreimal in den Kopf und zweimal in den Körper geschossen. Trotzdem sei der Getroffene noch weiter gelaufen. Fred Beck habe sogar eines der Lebewesen erschossen und dieses sei in eine Schlucht gestürzt. In der folgenden Nacht griffen die restlichen „Bigfoots" angeblich die Hütte an, in der sich die Männer aufhielten, bombardierten sie fast die ganze Nacht mit Steinen und versuchten, in die Behausung einzudringen. Viele der Steinbrocken waren so groß, dass beim Aufprall Stücke aus den Holzwänden der Hütte gerissen wurden. Zeitweise befanden sich die Angreifer auf dem Dach und machten dort einen so großen Lärm, als würden Pferde herumlaufen. Die Männer schossen die ganze Zeit und irgendwann waren die riesigen Wesen verschwunden. Im „Portland Oregonian" hieß es, die Männer hätten in den letzten sechs Jahren bereits einige Male Spuren solcher Tiere entdeckt. Indianer hätten schon seit 60 Jahren von „Bergteufeln" erzählt.

1926 erblickten zwei Jäger auf einer Lichtung nahe des Mountain Fork River in Oklahoma einen großen, behaarten Affenmenschen. Als die Männer laut zu schreien begannen, ergriff das seltsame Geschöpf die Flucht. Einer der Jäger hetzte seinen Hund hinterher, der nicht mehr zurückkam. Nach etwa einer Stunde entdeckten die beiden Jäger die Leiche des Hundes, der fast in zwei Teile auseinandergerissen war.

Bange Minuten erlebte ein Autofahrer, der 1927 während einer Nachtfahrt nach Salem in New Jersey in einem Waldgebiet eine Reifenpanne hatte. Der Mann hatte gerade den platten Reifen durch einen Ersatzreifen ausgetauscht, als sein Wagen plötzlich stark geschüttelt wurde. Als der Autofahrer aufsah, erblickte er ein Geschöpf, das wie ein Mensch aussah, aber keine Kleidung trug und vollständig behaart war. So schnell er konnte, rannte der Mann nach Salem und erzählte dort sein schreckliches Erlebnis. Zwei Männer fuhren zum Schauplatz der unheimlichen Begegnung zurück. Sie fanden das Auto, den platten Reifen und den Wagenheber, aber keine Spur von „Bigfoot".

1928 soll in British Columbia (Kanada) erneut ein Mensch durch einen „Sasquatch" entführt worden sein. Diesmal war angeblich der Indianer Muchalat Harry vom Stamm der Nootka das Opfer. Er lebte damals als Trapper in den Wäldern von Vancouver Island. Dort schlug er einmal ein Lager auf, das nur mit dem Kanu erreichbar war. In einer Nacht verschleppte ein großer Affenmensch den nur mit Unterwäsche bekleideten und in Decken gehüllten Trapper viele Kilometer weit in die Berge. Am nächsten Tag befand sich Harry in Gesellschaft einer Gruppe von etwa 20 behaarten Geschöpfen. Diese Kreaturen untersuchten ihn sorgfältig und zupften interessiert an seiner wollenen Unterwäsche, die sie vielleicht als „lose Haut" fehldeuteten. Später verloren die „wilden Menschen" ihr Interesse an Harry, der nun allein und frierend da saß. Schließlich ergriff der Trapper die Flucht, marschierte rund 20 Kilometer bis zu seinem Kanu und paddelte bibbernd vor Kälte ungefähr 70 Kilometer nach Hause. Harry kehrte nicht mehr zu seinem Lager zurück, um seine Ausrüstung und sein Gewehr zu holen.

Als Zielscheibe für einen „Sasquatch" diente 1936 das Kanu des Indianers Frank Dan, der im Chehalis-Reservat auf dem Morris Creek, einem Nebenfluss des Harrisson River in British Columbia (Kanada), unterwegs war. Plötzlich klatschte

nahe des Bootes ein großer Stein ins Wasser. Als Frank aufsah, erblickte er ein haariges Lebewesen mit einem großen
Stein in den Händen, den es gleich danach auf das Kanu
warf. Der Indianer paddelte rasch davon.

Gleich mehreren behaarten Gestalten begegnete 1939 ein
Goldsucher, der in der Wüste unweit von Borrego in Kalifornien ein Lager aufgeschlagen hatte. Nach Auffassung dieses Mannes hielt nur sein Lagerfeuer diese Geschöpfe, die
sich ihm näherten, davon ab, ihn anzugreifen.

1939 oder 1940 beobachtete der Goldsucher Burns Yeomans
unweit von Silver Creek am Harrison Lake in British Columbia (Kanada) rund eine halbe Stunde lang vier oder fünf
dunkle Gestalten, die schätzungsweise mehr als zwei Meter
groß gewesen sein sollen und zweibeinig gingen. Diese Geschöpfe sollen in einem Tal wie Menschen miteinander ge-
rungen haben. Angeblich sahen sie nicht wie Bären aus. Eine
der Kreaturen warf einen anderen nieder, der aber gleich
wieder aufsprang.

In der Gegend nahe des Mount Vernon (Illinois) sichtete man
1941 und 1942 wiederholt einen „großen Pavian", bei dem
es sich um einen „Bigfoot" gehandelt haben soll. Über einige dieser Sichtungen berichtete die Zeitschrift „Hoosier
Folklore". Im Sommer 1941 sprang plötzlich ein Tier, das
einem Pavian ähnelte, aus einem Baum und näherte sich aufrecht einem Prediger, der in den Wäldern am Fluss Eichhörnchen jagte. Dieser Mann schlug mit dem Gewehrkol-
ben nach dem Geschöpf, konnte es aber erst verscheuchen,
als er zwei Schüsse in die Luft abfeuerte. Im Frühjahr 1942
entschloss man sich zu einer Treibjagd, nachdem das Tier
den Hund eines Farmers aus der Gegend von Bonnie getötet
haben soll. Einem Bericht im „Hoosier Folklore" zufolge,
bekam das Geschöpf angeblich Wind von der geplanten

Treibjagd. Jedenfalls wurde es fortan an anderen Flüssen in etwa 60 bis 70 Kilometer Entfernung gesehen. Schnelle Ortswechsel dieses Geschöpfes wurden damit erklärt, dieses könne angeblich sechs bis zehn Meter weit springen.

1943 soll ein „Bigfoot" sogar einen Menschen in „Dewilde's Camp" unweit von Ruby in Alaska umgebracht haben. Bei dem bedauerlichen Opfer handelte es sich um einen Mann namens John Mire oder McQuire, der von den Indianern als „The Dutchman" („der Holländer") bezeichnet wurde und zusammen mit seinen Hunden in einer abgelegenen Hütte wohnte. Eines Tages paddelte dieser Mann mit seinem Boot zum nächsten Dorf und erzählte dort, ein „Buschmann" habe ihn angegriffen, sei aber von seinen Hunden verjagt worden. Kurz danach erlag der „Holländer" inneren Blutungen, die er vermutlich bei dem Angriff erlitten hatte.

Eine Frau namens Darwin Johnson hatte im August 1955 eine unheimliche Begegnung im Wasser vermutlich mit einem „Bigfoot". Darwin schwamm unweit von Dogtown in Indiana im Ohio River und war etwa fünf Meter vom Ufer entfernt, als plötzlich eine „pelzige Hand" nach ihren Beinen Griff und sie unter Wasser zu ziehen versuchte. Die Frau strampelte wild, schrie laut und griff nach dem Schwimmreifen ihrer Freundin. Endlich ließ die Hand sie los. An Land bemerkte Mrs. Johnson einige Kratzer an ihrem Bein und einen grünen Handabdruck, der mehrere Tage lang sichtbar war. Nachdem eine Lokalzeitung über diesen rätselhaften Vorfall berichtet hatte, meldeten sich mehrere Augenzeugen, die zur fraglichen Zeit über dem Fluss etwas „leuchtend ovales" am Himmel erblickt haben wollen. „Dies ist einer der etwa 30 Fälle in unserem Archiv, in denen Bigfoots mit UFOs in Zusammenhang gebracht werden", heißt es in dem Buch „Der amerikanische Yeti. Auf den Spuren des geheimnisvollen Bigfoot" von Janet und Colin Bord. Darin werden in Hülle und Fülle angebliche Sichtungen mit „Bigfoots" aus den letzten zwei Jahrhunderten geschildert.

Im Mai 1956 versuchte angeblich eine riesige behaarte Kreatur „mit grünen Augen so groß wie Glühlampen", unweit von Marshall in Michigan zwei Männer namens Otto Collins und Philip Williams zu entführen oder zu erschrecken. Das „nach Verwesung" stinkende Geschöpf klemmte die beiden Männer unter seine Arme und ließ sie erst wieder frei, als deren Kollege Hermann Williams nach seinem Gewehr griff. Offenbar wusste dieser „Bigfoot", wie gefährlich ein Gewehr für ihn werden konnte. Denn er ergriff rasch die Flucht.

Gar nicht zu einem Vegetarier passt eine Begegnung mit einem „Bigfoot" im Herbst 1957 beim Wanoga Butte nahe Bend in Oregon. Dort gingen zwei Männer namens Gary Joanis und Jim Newall auf die Jagd und Ersterer hatte gerade einen Hirsch erlegt. Joanis konnte aber seine Beute nicht bergen. Denn plötzlich erschien auf der Lichtung ein etwa 2,70 Meter großes, haariges Geschöpf, packte den toten Hirsch und trug ihn unter einem Arm davon. Das erboste Joanis schoss der flüchtenden Kreatur mehrere Male in den Rücken. Außer einem pfeifenden Laut des unheimlichen Diebes hatte dies offenbar aber keine Folgen.

Wegen seinen unglaublich großen Fußabdrücken von Schuhgröße 61 und angeblich sogar noch mehr bezeichnet man das mysteriöse Wesen in den USA als „Bigfoot" („Großfuß"). Vereinzelt ist von Fußabdrücken bis zu 60 Zentimeter Länge die Rede. Der Ausdruck „Bigfoot" tauchte erstmals auf, nachdem der Bulldozer-Fahrer Jerry Crew im August 1958 auf einer Baustelle seines Arbeitgebers, des Holzfäller-Unternehmers Ray L. Wallace (1918–2004), in Bluff

*Der Journalist Andrew Genzoli (1914–1984)
hat 1958 in der Lokalzeitung „Humboldt Times"
als Erster den Begriff „Bigfoot" verwendet.
Auf obigem Foto ist Genzoli (links) zusammen
mit dem Bulldozer-Fahrer Jerry Crew (rechts)
und dem Abguss eines imposanten Fußabdrucks
von Bluff Creek zu sehen.*

Creek (Kalifornien) ungewöhnlich große Fußspuren entdeckt hatte. Der erste Zeitungsartikel, in dem von „Bigfoot" die Rede war, stammte aus der Feder des Journalisten Andrew Genzoli (1914–1984), stand in der in Eureka (Humboldt County) erscheinenden Lokalzeitung „Humboldt Times" und zeigte das Foto eines imposanten Fußabdrucks von Bluff Creek. Die Nachrichtenagentur „Associated Press" („AP") verbreitete weltweit die Story über die rätselhaften Fußspuren von Bluff Creek und machte den Namen „Bigfoot" international bekannt. Ray L. Wallace kam auch in der Folgezeit von „Bigfoot" nicht mehr los. Er produzierte unscharfe, körnige, verwackelte Fotos, nahm Tonbänder mit schrecklichen Grunzgeräuschen auf und verschickte sein Material.

In der Lokalzeitung „Humboldt Times" las man am 19. Oktober 1958 die reißerische Schlagzeile: „Neues Rätsel von Bluff Creek verblüfft Indianer: 4 Hunde in Stücke gerissen". In dem dazugehörigen Artikel hieß es, alle Hunde wären verstümmelt und einer von ihnen offenbar gegen einen Baum geschleudert worden. Erst mehr als vier Jahrzehnte später sind die Fußabdrücke von Bluff Creek als Fälschungen entlarvt worden.

Während sich in den USA der Begriff „Bigfoot" durchsetzte, behielt man in Kanada vornehmlich das alte indianische Wort „Sasquatch" bei. Im Laufe der Zeit entwickelte sich „Bigfoot" fast zu einem weltweiten Synonym für große Affenmenschen, obwohl diese regional oft einen anderen Namen tragen. In manchen Pressemeldungen ist beispielsweise vom „indischen Bigfoot" oder „malayischen Bigfoot" die Rede. Gelegentlich verfährt man allerdings auch umgekehrt, indem man „Bigfoot" als „amerikanischen Yeti" betitet.

In den USA werden alljährlich vor allem in den Sommermonaten viele „Bigfoot"-Sichtungen gemeldet. Dagegen er-

fährt man während der Wintermonate merklich seltener von „Bigfoot"-Sichtungen. Begründet wird dies damit, im Winter seien weniger Menschen in Wäldern unterwegs und „Bigfoot" würde vermutlich in der kalten Jahreszeit eher zurückgezogen leben. Im Winter findet man in den USA meistens nur imposante „Bigfoot"-Fußspuren im Schnee.
Ein Augenzeugenbericht von W. C. („Doc") Priestly wirft die Fragen auf, ob manche „Bigfoots" elektromagnetische Anlagen beeinträchtigen können und ob es sich um physische oder nicht-physische Wesen handelt. Priestly fuhr 1960 im „Monongahela National Forest" mit seinem Auto einem Bus hinterher, in dem Freude von ihm saßen. Plötzlich stotterte der Motor seines Autos, der vorher normal funktioniert hatte, und der Wagen kam zum Stehen. In diesem Moment erblickte Priestly am Straßenrand ein „Monster mit langen, steil abstehenden Haaren". Den Freunden fiel bald auf, dass Priestly ihnen nicht mehr folgte und sie kehrten mit dem Bus zurück. Das Monster schien sich vor dem Bus zu fürchten. Denn seine Haare, die zuvor steil in die Höhe gestanden hatten, fielen im Nu in sich zusammen und das Geschöpf verschwand, ehe der Bus enhielt. Zur großen Überraschung von Priestly lief ab diesem Moment der Motor wieder. Die Freunde sahen das Monster nicht. Priestly erzählte nichts von dem unheimlichen Wesen und folgte wieder dem Bus. Bald gab es aber wieder technische Probleme mit dem Auto. Wie bei einem Kurzschluss stoben Funken unter der Motorhaube hervor. Nach dem zweiten Halt stand erneut das haarige Monster am Straßenrand. Wieder kam der Bus zurück und verscheuchte den „Bigfoot", der offenbar übersinnliche Fähigkeiten hatte.
Ab 1963 befasste sich der amerikanische Anthropologe Grover S. Krantz mit „Bigfoot", für den er aber den Namen

„Sasquatch" verwendete. „Sasquatch" ist eine Anglisierung des Wortes „sásq'ets" („wilder Mann") aus der Sprache der Halkomelem-Indianer. Krantz arbeitete in den frühen 1960-er Jahren als Assistent am „Phoebe A. Hearst Museum of Anthropology" in Berkeley. 1968 berief man ihn an die „Washington State University", an der er bis zu seiner Pensionierung 1998 wirkte. Er starb am 14. Februar 2002 an Bauchspeicheldrüsenkrebs. Seinen Körper stellte er der Wissenschaft zur Verfügung, machte aber zur Bedingung, sein Skelett müsse zusammen mit den Skeletten seiner Irischen Wolfshunde „Clyde", „Icky" und „Yahoo" aufbewahrt werden. 2009 ging sein Wunsch in Erfüllung: Man präsentierte sein Skelett und das von „Clyde" im „National Museum of Natural History" der „Smithsonian Institution" als Teil einer Sonderausstellung zur Osteologie.

Kugelfest scheint ein „Bigfoot" gewesen zu sein, dem der 14-jährige James Lynn Crabtree 1965 angeblich unweit seines Elternhauses in Fouke (Arkansas) begegnete. Der Junge jagte Eichhörnchen, als er Pferde in einen nahe gelegenen See galoppieren und das schmerzerfüllte Heulen eines Hundes hörte. Er lief dem Lärm entgegen und stand plötzlich hinter einem etwa 2,40 Meter großen Geschöpf mit rötlichbraunen, rund zehn Zentimeter langen Haaren. Das Monster drehte sich um, näherte sich dem erschrockenen Jungen und dieser schoss aus Angst die Kreatur dreimal ins Gesicht. Weil dies dem „Bigfoot" offenbar überhaupt nichts ausmachte, lief der 14-Jährige so schnell er konnte davon. In dieser Gegend kam es später zu weiteren Sichtungen und entdeckte man auch riesige Fußabdrücke. Außerdem wurde dort der Kinofilm „The Legend of Boggy Creek" gedreht, der zusammen mit vielen fiktiven Details die Geschichte des Monsters schildert.

Foto auf Seite 41:

*Skelett des amerikanischen Anthropologen
Grover S. Krantz (1931–2002)
und seines Irischen Wolfshundes Clyde
im „Smithsonian Natural History Museum".
Krantz hatte seinen Körper
der Forschung zur Verfügung gestellt.*

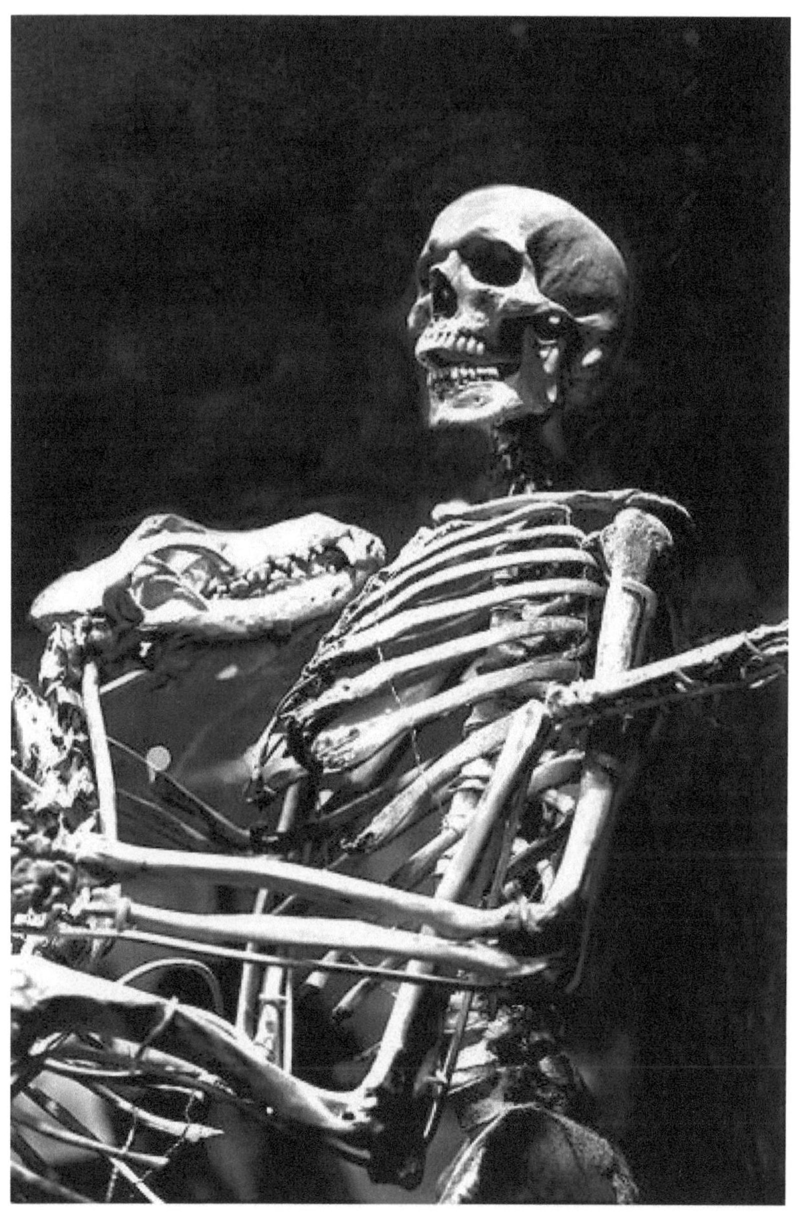

Der Rodeo-Reiter und Pferdehändler
Roger Patterson (1926–1972), rechts,
drehte am 20. Oktober 1967
am Bluff Creek unweit von Eureka in Nordkalifornien
den berühmten „Patterson/Gimlin-Film",
der angeblich einen weiblichen „Bigfoot" zeigt.
Auf obigem Foto ist Roger Patterson zusammen
mit dem kanadischen „Bigfoot"-Forscher
René Dahinden (1930–2001) abgebildet.
Copyrigh Dahinden/Fortean Picture Library

Als bekanntester Beweis für die Existenz von „Bigfoot" gilt
– laut Kryptozoologen – ein 16-mm-Film, der bei einem
Ausritt des Rodeo-Reiters und Pferdehändlers Roger
Patterson (1926–1972) und seines Ranchnachbar Bob Gimlin
am 20. Oktober 1967 am Bluff Creek unweit von Eureka in
Nordkalifornien entstand. Die beiden Männer ritten in der
Wildnis an einer Flussbiegung entlang, als sie am gegen-
überliegenden Ufer plötzlich eine riesige behaarte und ho-
ckende Gestalt bemerkten. Beide Pferde scheuten. Das Reit-
tier von Patterson stürzte sogar, aber der Reiter konnte sich
befreien und seine geliehene Filmkamera aus der Satteltα-
sche holen. Als sich das seltsame Geschöpf aufrichtete, ent-
puppte es sich angeblich als gorilla-ähnliches Monster mit
muskulösem Brustkorb, dunkelbraunem Zottelfell und spitz
zulaufendem Kopf. Die affenähnliche Kreatur, deren Größe
auf zwei bis 2,40 Meter geschätzt wird, sah die beiden Männer einen Augenblick kurz an und entfernte sich dann ruhig
mit Riesenschritten. Patterson folgte hinterher und filmte
gleichzeitig. Als er den Fluss durchquerte, stolperte er und
verlor fast seinen Halt. Schließlich kam er bis auf 25 Meter
Entfernung heran und blieb stehen, um bessere Aufnahmen
machen zu können. Der „Bigfoot" musste nur noch wenige
Schritte über freies Gelände machen, bevor er Bäume erreichte, die ihn verdecken würden. Bevor der Affenmensch
das Dickicht des Waldes erreichte, drehte er sich im Gehen
um und sah in die Richtung des filmenden Patterson. In diesem Moment sind auf dem Film große, hängende und behaarte Brüste erkennbar, die verrieten, dass es sich um einen
weiblichen „Bigfoot" handelte. Wenig später sah man das
behaarte Wesen noch einmal in ziemlich großer Entfernung
kurz hinter Waldbäumen. Das am Bluff Creek gesichtete
„Bigfoot"-Weibchen hinterließ Fußabdrücke, von denen

Patterson und Gimlin Gipsabdrücke anfertigten, die knapp 37 Zentimeter lang und 14 Zentimeter breit waren. Patterson überließ seinen Film gegen Bezahlung den Medien, beteuerte noch auf dem Sterbebett die Echtheit des von ihm produzierten Streifens und starb 1972 an Krebs. Auch Gimlin legte großen Wert darauf, kein Fälscher zu sein. Gegen Ende seines Lebens wollte er aber nicht mehr ausschließen, dass Patterson ihn getäuscht haben könnte.

Jener „Beweisfilm" vom Herbst 1967 ist sehr umstritten. Der englische Primatologe John Napier schrieb 1973 skeptisch über den „Patterson-Gimlin-Film": „Es besteht wenig Zweifel, daß die wissenschaftlichen Belege zusammengenommen auf eine wie auch immer geartete Täuschung hindeuten". Manchmal liest man, der „Patterson-Gimlin-Film" zeige nur einen verkleideten Menschen im Affenkostüm, wie es im Film „Planet der Affen" (1968) verwendet wurde. 1997 kam das Gerücht auf, der angebliche „Bigfoot" im „Patterson-Gimlin-Film" sei ein Mann in einem Kostüm von John Chambers gewesen, der für viele große Filmproduktionen überzeugende Affenkostüme angefertigt hatte. Doch später betonte der schwer erkrankte Chambers in einem Interview, er sei in keiner Weise am „Patterson-Gimlin-Film" beteiligt gewesen. Ein Zeuge der Dreharbeiten erklärte 1999, die Aufnahmen seien gestellt. Wer genau hinsehe, entdecke auf dem Körper den Reißverschluss eines Affenkostüms.

Viele Amerikaner waren nicht damit einverstanden, dass jemand nur aus Neugier einen „Bigfoot" tötet. Aus diesem Grund erließ man bereits 1969 im Skamania County (Washington) eine Verordnung, die das Töten eines solchen Geschöpfes zum Verbrechen erklärte. Fünf Jahre später legte man eine überarbeitete Fassung vor. Fortan galt die vorsätzliche Tötung eines „Bigfoot" mit vorbedachter böser Absicht als Vergehen, das mit einem Jahr Gefängnis oder einer Geldbuße von 1.000 US-Dollar geahndet werden sollte. Für eine einfache Tötung ohne vorbedachte böse Absicht drohten eine halbjährliche Gefängnisstrafe oder 500 US-Dollar Geldbuße oder beides zusammen. Wenn vom Richter nachgewiesen werde, dass „Bigfoot" ein humanoides Wesen sei, könne auch ein Totschlags- oder Morddelikt zur Last gelegt werden.

In der Nacht des 7. Mai 1977 schüttelte angeblich ein „Bigfoot" in der Gegend von Hollis (New Hampshire) zwei Wohnwagen, die sich an ganz verschiedenen Stellen befanden, so stark, dass die darin schlafenden Menschen aufwachten und gehörig erschraken. Einer dieser Wohnwagen stand unweit eines Markts bei Hollis. Darin schliefen Gerald St. Louis und seine beiden Söhne. Die drei wollten am nächsten Tag einige Waren verkaufen. Plötzlich wurden sie durch Rütteln aus dem Schlaf gerissen. Gerald St. Louis öffnete die Tür, schaltete die Beleuchtung ein und erblickte verdutzt das Gesicht eines braunbehaarten, etwa 2,40 bis 2,70 Meter großen Geschöpfes mit langen Armen. Das grelle Licht irritierte den „Bigfoot" so sehr, dass er Reißaus nahm, auf einen fast 1,40 Meter hohen Zaun zulief und diesen mühelos übersprang. Ein ähnliches Erlebnis hatten in jener Nacht zwei 15-Jährige namens Stanley Evans und Jeff Waren, die in der Umgebung von Hollis in einem Wohnwagen campierten. Ihr Wohnwagen schaukelte so stark, dass Stanley aus seiner Schlafkoje fiel, eine Lampe umkippte und Jeff am Auge traf. Als die Beiden das Licht einschalteten, rannte der unbekannte Übeltäter davon.

Von September bis Dezember 1977 wurden in der Gegend von Little Eagle in South Dakota insgesamt 28 „Bigfoot"-Sichtungen gemeldet. Einer der Augenzeugen war Lieutenant

Geschnitzte Holzfigur von „Bigfoot"
unweit von Cascade in Colorado

Verdell Veo vom „Büro für Indianerangelegenheiten"
(„Bureau of Indian Affairs"), der nach eigenen Angaben
zweimal selbst einen „Bigfoot" sah. Am 29. Oktober 1977
hielten sich Veo, seine Söhne und zwei Polizisten in Elkhorn
Buttes bei Little Eagle auf. Unvermittelt sahen sie im Mond-
licht einen „Bigfoot". Zwei der Männer wollten auf den
Affenmenschen zu gehen. Doch Veo hatte das Gefühl, ihre
Waffen würden ihnen nichts nützen und es sei besser zu verschwinden. Beim Rückzug stürzte der 15-jährige Sohn Jeff
von Veo herbei und rief, er habe durch sein Infrarotgerät
beobachet, dass ein weiterer „Bigfoot" den Männern
hinterhergeschlichen sei. Einige Tage später, am 5. November 1977, jagten Veo und andere Männer mehrere Stunden
lang einen „Bigfoot", stellten ihn und umzingelten ihn mit
mehreren Fahrzeugen. Wie durch ein Wunder konnte der im
Licht der Autoscheinwerfer stehende „Bigfoot" aber spur-
los verschwinden, so als habe er sich schlichtweg in Luft
aufgelöst.
Wenn man Augenzeugen glauben darf, ist „Bigfoot" eine
sehr stämmig gebaute, etwa zwei bis vier Meter große,
affenähnliche und schwanzlose Kreatur, die fast aufrecht
auf den Hinterbeinen geht. Den Beschreibungen zufolge be-
sitzt er eine fliehende Stirn, eine platt gedrückte Nase, auf-
fallend lange Arme, die beim Gehen hin- und herschwingen,
pfotenähnliche Hände, kräftige, muskulöse Beine und ungewöhnlich große Füße. Meistens ist von fünf Zehen die
Rede, gelegentlich aber auch nur von drei oder vier. Die Haut
soll von einem dunklen, meist braunen oder schwarzen Fell
bedeckt sein. Als Nahrung wurden vielerlei Pflanzen, Wur-
zeln und Beeren, aber auch Fleisch aufgezählt. Es heißt,
„Bigfoot" lebe vor allem in dichten Wäldern und sei sehr
scheu.

Laut Augenzeugenberichten und Tonaufnahmen verfügt „Bigfoot" über ein breites Spektrum an Tönen und Rufen. Seinen normalen Geräusche klangen angeblich wie Geschrei menschlicher Babys oder das Weinen einer Menschenfrau. Falls ein „Bigfoot" erregt sei, lasse er einen unheimlichen Warnschrei ertönen.

Aus Nordamerika liegen mehrere tausend Berichte von Augenzeugen vor, die behaupteten, „Bigfoot" gesehen haben. Der Anthropologe John Napier wählte 72 Berichte aus, um sich ein Bild von diesem Lebewesen zu machen. Demzufolge geht diese Kreatur wie ein Mensch, ist mit rötlich-braunem oder kastanienbraunen Haar bedeckt, das am Kopf etwa 15 Zentimeter lang ist. In vielen Berichten ist von einem Gesicht mit fliehender Stirn, fehlendem Hals, breiten Schultern, einer gewölbten Brust und einer buckligen Erscheinung die Rede. Die geschätzten Größenangaben reichten von zwei bis mehr als drei Meter. Auch die Angaben über die Maße der Fußabdrücke differierten. Am häufigsten wurden etwa 40 Zentimeter angegeben.

Ab den 1980-er Jahren informierte der gedruckte Newsletter „Bigfoot Co-up" regelmäßig über „Bigfoot" und andere Affenmenschen. Dieser Newsletter wurde von der an der „California State University" arbeitenden Anthropologin Constanze Cameron herausgegeben.

Zu den Augenzeugen, die „Bigfoots" gesichtet haben wollen, gehörten manchmal auch Polizisten. Einer von ihnen war Paul Freeman, der am 10. Juni 1982 im Gebiet von Walla Walla (Washington) ein mehr als 2,40 Meter großes Geschöpf von einer über drei Meter hohen Böschung auf einen Weg springen sah. Gipsabgüsse von Fußabdrücken dieses „Bigfoot" waren mindestens 38 Zentimeter lang. Sie wurden von dem an der „Washington State University" arbeitenden Anthropologen Dr. Grover Krantz untersucht und für echt befunden. Der Streifenpolizist Freeman gab wegen der großen Publicity nach seiner angeblichen „Bigfoot"-Sichtung seinen Beruf auf und betätigte sich fortan als „Bigfoot"-Jäger. Im „Umatilla National Forest" entdeckte er nach eigenen Angaben zahlreiche Fußabdrücke und einmal sogar Abdrücke von Händen eines „Bigfoot". Außerdem behauptete er, diese Kreatur auf Film gebannt zu haben. Allein schon die große Zahl seiner „Erfolgsmeldungen" weckte bei Forschern erhebliche Zweifel über den Wahrheitsgehalt seiner Angaben.

1982 spitzte sich die bereits ein halbes Jahrhundert andauernde Fehde zwischen den betagten „Bigfoot"-Forschern Ray L. Wallace und Rand Mullens zu. Wallace behauptete allen Ernstes, ihm seien mehr als 2.000 Sichtungen von „Big-foot" geglückt. Sein Kontrahent Mullens verriet 1982, viele „Bigfoot-Berichte" selbst inszeniert zu haben. Zum Beispiel hätten er und sein Onkel bei der erwähnten Sichtung im „Ape Canyon" von 1924 einige Bauarbeiter in Angst und Schrecken versetzt, als sie Steine auf sie herabrollen ließen. Mullens gestand auch, sieben Paar hölzerner Füße geschnitzt zu haben, um damit falsche „Bigfoot"-Fußabdrücke zu erzeugen.

Ein 24-jähriger Witzbold sorgte am frühen Morgen des 29. September 1985 in East Pennsboro (Pennsylvania) für zahlreiche vermeintliche Sichtungen von „Bigfoot". Der junge Mann hatte sich mit einem Fellkostüm verkleidet und nahe einer Straße so hingestellt, dass er von den Scheinwerfern vorbeikommender Fahrzeuge erfasst wurde. Zu diesem Scherz ließ er sich hinreißen, nachdem er über Leute gelesen hatte, die einen strengen Geruch bemerkt und unheimliche Schreie gehört hatten. Anfang Oktober 1985 verurteilte ein Gericht in East Pennsboro den Scherzbold zu einer Geldstrafe von zehn US-Dollar zuzüglich 50,17 US-Dollar Gerichtkosten. Wer weiß, wie viele andere „Bigfoot"-Augenzeugen von Spaßvögeln im Affenkostüm genarrt wurden?

Umstritten sind 14 Fotos, die ein Forstbeamter, der anonym bleiben wollte, am 11. Juli 1995 von einem riesigen „Bigfoot" gemacht haben will. Schauplatz der angeblichen Begegnung war die Gegend von Wild Creek beim Mount Rainier im „Snoqualmie National Forest" (Washington). Der Forstbeamte wanderte damals über einen Bergkamm und hörte dabei plötzlich platschende Geräusche. Von einem Hochufer aus schaute der Mann nach unten in einen sumpfigen Teich, erblickte darin einen „Bigfoot" und fotografierte ihn. Wegen ungünstiger Lichtverhältnisse sind einige der Fotos unscharf, manche aber erstaunlich klar und deutlich. Auf den Fotos ist ein großes, mit Ausnahme des Gesichts weitgehend behaartes Geschöpf ohne Hals und mit langen Armen erkennbar. Auffällig ist, dass sich jener „Bigfoot" von Foto zu Foto überhaupt nicht bewegt zu haben scheint, was als unwahrscheinlich gilt.

1996 sorgte in den USA erneut ein Film, der angeblich einen „Bigfoot" zeigt, für großes Aufsehen. Gedreht wurde dieser 8mm-Film am „Memorial Day", dem Gedenktag für die im Sezessionskrieg gefallenenen Soldaten, von der Amerikanerin Lori Pate bei einem Ausflug mit ihrer Familie am Chopaka-Lake im Okanogan County (Washington). Zu sehen ist ein affenähniches Lebewesen, das in einiger Entfernung einen Abhang überquert und im Wald verschwindet.

„Bigfoot"-Sichtungen beruhen womöglich zumindest teilweise auf einem Nachahmungseffekt. Diese Vermutung äußerten die Autoren Janet und Colin Bord in ihrem Buch „Der amerikanische Yeti. Auf den Spuren des geheimnisvollen Bigfoot" (1998). Darin heißt es: „Der Vorfall wird öffentlich, und anschließend übernimmt – zusätzlich getragen durch Schwindeleien und Hysterie und manchmal auch durch einen lokalen Forscher, der nach weiteren Sichtungen fahndet – das kollektive Gedächtnis mit seinem Wissen über den Bigfoot die Regie. Nach einer Weile kocht das Ganze dann über, und die Aufregung verschwindet." Dies sei für die Bemühungen, zu klären, ob in der Wildnis von Nordamerika tatsächlich eine bisher unbekannte menschenähnliche Spezies lebe, nicht gerade hilfreich.

„Bigfoot stinkt in Zeit und Raum" lautete am 28. September 1999 bei „Spiegel Online" die Schlagzeile eines Artikels über eine Affenmenschen-Konferenz in Vancouver (Kanada). John Kirk vom „British Columbia Scientific Cryptozoology Club" („BCSCC") und einer der Mitorganisatoren dieser Konferenz, erzählte über seine Begegnung mit dem Affenmenschen „Sasquatch": „Er roch nach einer Mischung aus Stinktier und faulen Eiern". Kirk zufolge bewiesen zahllose Fußabdrücke die Existenz von „Sasquatch". Sämtliche Abdrücke hätten bestimmte charakteristische Merkmale, die nur ernsthaften Forschern bekannt seien. Man halte diese geheim, um Fälscher von der Produktion perfekter Spuren abzuhalten.

Der „British Columbia Scientific Cryptozoology Club" informiert im Internet unter der Adresse http://www.ultranet.ca/ bcscc über den Affenmenschen „Sasquatch" sowie über das Loch-Ness-Monster und die legendäre riesenhafte Seeschlange. Seine Mitglieder sind oft das Ziel von Hohn und Spott. John Kirk meinte hierzu, die Spötter seien Menschen „mit niedrigen Intelligenzquotienten". Der „BCSCC" trage nicht zufällig das Wort „wissenschaftlich" im Titel.

Dale Wallace, der Neffe
des verstorbenen Holzfäller-Unternehmers
und „Bigfoot"-Forschers Ray L. Wallace (1918–2004),
zeigt aus Holz angefertigte Füße,
mit denen Fußabdrücke von „Bigfoot"
gefälscht wurden.
Foto: Dave Rupert Photography, Winlock

Zum Leidwesen der „BCSCC"-Experten gibt es unter den „Sasquatch"-Fans auch Menschen, die nach ihrer Ansicht keine seriösen Forscher sind. Damit meinen sie die „UFO"-Jünger des „Self-Mastey Earth Institute" im US-Bundesstaat Washington. Jene glauben allen Ernstes, der angeblich extrem scheue und vorsichtige „Sasquatch", der seinen irdischen Jägern immer wieder entkomme, sei ein Außerirdischer mit einem perfekten Versteck: Er könne sich frei in Zeit und Raum bewegen. Das „Self-Mastey Earth Institute" ist im Internet unter http://www.cazekiel.org vertreten.

Im Dezember 2002 verriet Michael Wallace, der Sohn des verstorbenen Holzfäller-Unternehmers und „Bigfoot"-Forschers Ray L. Wallace, der „Seattle Times", sein Vater habe seit etwa 1958 „Bigfoot"-Fußspuren mit aus Holz geschnitzten Füßen erzeugt. „Bigfoot ist gerade gestorben", erklärte Michael Wallace der Zeitung und fügte hinzu: „Ray Wallace war Bigfoot".

Der phantasievolle „Bigfoot"-Erfinder Ray L. Wallace war am 26. November 2002 im Alter von 84 Jahren einem Herzleiden erlegen. Zu seinen Lebzeiten wollte seine Familie angeblich das Geheimnis um seine „Bigfoot"-Fälschungen nicht lüften. Es sei nicht verschwiegen, dass man dem Sohn Michael mitunter vorwirft, er habe sich für seine Enthüllungen über seinen Vater gut bezahlen lassen.

Ursprünglich seien die von seinem Vater verbreiteten Geschichten, die im Blätterwald der US-Presse für großes Rauschen sorgten, nur ein simpler Scherz gewesen, erzählte der Sohn. Der Ulk begann damit, dass sich Ray L. Wallace von einem Freund etwa 40 Zentimeter lange Füße aus Holz anfertigen ließ. Gemeinsam mit seinem Bruder Wilbur Wallace habe er die großen künstlichen Fußsohlen angeschnallt und damit Spuren erzeugt. Den Namen „Bigfoot" prägte eine Lokalzeitung, nachdem der Bulldozer-Fahrer Jerry Crew im August 1958 auf einer von Wallaces Baustellen im kalifornischen Humboldt County die großformatigen Fährten entdeckt hatte.

Ray L. Wallace, der lange Zeit im US-Bundesstaat Washington einen Wildtierzoo betrieb, fand offenbar immer mehr Gefallen an seinem Scherz mit den überdimensionalen Fußabdrücken, mit dem er die Medien und die Öffentlichkeit narrte. Er lieferte immer wieder neue „Beweise" für die Existenz eines Affenmenschen. Darunter befanden sich auch unscharfe Fotos und Tonaufnahmen mit angeblichen Geräuschen dieser mysteriösen Kreatur.

Auch der „Patterson/Gimlin-Film", der angeblich „Bigfoot" in Aktion zeigt, ist laut Mark Chorvinsky (1954-2005), dem Gründer des „Strange Magazine", mit dem Ray L. Wallace brieflich Kontakt hatte, eine Fälschung. Die unscharfen Bilder, welche der Rodeo-Reiter Roger Patterson 1967 produzierte, zeigen ein flüchtendes, affenähnliches Wesen.

Chorvinsky erzählte der „Seattle Times", Ray L. Wallace habe Roger Patterson informiert, an welchem Ort er „Bigfoot" filmen könne. Auch Michael Wallace bestätigte die Fälschung dieses bekannten Films. Jedoch wissen er und Chorvinsky nicht, welche Person sich damals als Affenmensch verkleidet hatte. Michael Wallace berichtete, seine Mutter habe eingestanden, in einem „Bigfoot"-Kostüm abgelichtet worden zu sein. Andererseits habe sein Vater „einige Leute" gehabt, die in den Filmen auftraten.

Ungeachtet dieser Enthüllung hält immer noch ein Teil der Kryptozoologen den „Patterson/Gimlin-Film" weiterhin für echt. Sie begründen dies zum Beispiel damit, bei genauerer Betrachtung des Bildmaterials sei ein Muskelriss im rechten Bein unter dem Fell zu erkennen. Solch eine detailgetreue Rekonstruktion sei zur Entstehungszeit des Films undenkbar gewesen.

Der englische Biomechaniker Donald Grieve meinte, es sei wichtig, festzustellen, mit welcher Geschwindigkeit der „Patterson/Gimlin-Film" gedreht worden ist. Roger Patterson selbst konnte sich nicht mehr erinnern, ob die Filmgeschwindigkeit auf 16 oder 24 Aufnahmen pro Sekunde eingestellt war. Greve erklärte, wenn mit 24 Bildern pro Sekunde gefilmt worden sei, handle es sich bei der Gestalt um einen großen, verkleideten Menschen. Wären es dagegen 18 Bilder pro Sekunde, zeige der „Patterson/Gimlin-Film" Bewegungen, die kein menschliches Wesen machen könne.

Weil der „Patterson/Gimlin-Film" verwackelt ist, konnten russische Wissenschaftler angeblich die Geschwindigkeit berechnen, mit der Patterson auf das Lebewesen zugelaufen war. Sie folgerten: Wenn Patterson mit 24 Bildern pro Sekunde gefilmt hätte, hätte er sechs Schritte pro Sekunde laufen müssen, womit er schneller als jeder Weltklasse-Sprinter gewesen sei. Folglich habe er wohl 18 Bilder pro Sekunde benutzt. Nach diesen Überlegungen wäre der „Patterson/Gimlin-Film" echt.

Seit den Enthüllungen der Familie Wallace über die Fälschungen von Ray L. Wallace glauben manche Affenmenschen-Experten, „Bigfoot" sei tot. Aber sie meinen, der bereits in alten indianischen Legenden erwähnte Waldmensch „Sasquatch" lebe immer noch.

Laut „Bigfoot"-Forschern sollen gefälschte Fußspuren leicht von „echten" zu unterscheiden sein. Denn die Gewichtsverlagerung eines lebendigen Wesens könne nicht durch Holzstempel oder Latexfüße nachgebildet werden.

Deutscher Kryptozoologe, Autor und Verleger
Michael Schneider

Nicht alle Fährten von Affenmenschen ließen sich mit gefälschten Abdrücken von Holzfüßen erklären, meint der Anatom und Anthropologe Jeff Meldrum an der „Idaho State University". Er hat zahlreiche Gipsabdrücke von vermeintlichen „Bigfoot"-Spuren gesammelt und glaubt an die Existenz eines unbekannten Primaten in den Wäldern von Nordamerika. Schließlich reichten historische Berichte über eine solche Kreatur bis weit in das 19. Jahrhundert zurück. „Wie wollen Sie das erklären?", sagte Meldrum zur „Seattle Times".

2003 trug der deutsch-französische Kryptozoologe François de Sarre bei der jährlichen Versammlung der „International Bigfoot Society" in Hillsboro (Oregon) erstmals seine Theorie über eine mögliche semiaquatische Lebensweise von „Bigfoot" vor. Wenn diese zuträfe, wäre „Bigfoot" ein semiaquatisches Waldwesen, das gut im Meer und in Binnengewässern sowie auf dem Land existieren kann. Sarre vermutete, „Bigfoot" unternehme sogar regelrechte Wanderungen, teilweise im kalten Wasser des Pazifischen Ozeans, teilweise über das Land. Wegen seiner Größe und Korpulenz könne er sehr kaltes Wasser ertragen, in dem ein normaler Mensch nicht lange überleben würde. „Interessanterweise gibt es eine ganze Reihe an Zeugenberichten, in denen von schwimmenden Sasqatchen, auch im Pazifischen Ozean, berichtet wird", schrieb der deutsche Kryptozoologe Michael Schneider 2010 in der „Der Fährtenleser", dem Fachmagazin für Kryptozoologie und artverwandte Themen. Bei manchen Legenden und Augenzeugenberichten über Seejungfrauen und Sirenen könne es sich um Begegnungen mit semiaquatischen „Bigfoots" handeln, spekuliert Sarre.

„Bigfoot" soll auch Flüsse – wie beispielsweise den Columbia-River zwischen den US-Bundesstaaten Oregon und Wa-

Bild auf Seite 58:
Gemälde„Ligeia Siren" von Dante Gabriel Rosetti
(1828–1882)

Bild auf Seite 59:
Gemälde „Haffrue" von Elisabeth Jerichau-Baumann
(1819–1881) von 1873,
Aufbewahrungsort: Kvindemuseet, Aarhus (Dänemark

58

LIGEIA SIREN

shington – durchqueren und unbemerkt durch dicht bevölkerte Gebiete hindurchschwimmen können. Nur in dichten Wäldern von Nordkalifornien, Oregon, Washington in den USA, in British Columbia in Kanada und an der Ostküste von Nordamerika gäbe es größere Zusammenkünfte, bei denen sich „Bigfoots" paaren könnten. Laut Sarre könnte „Bigfoot" ein spezialisierter Mensch sein, der vielleicht mit dem fossil bekannten *Meganthropus* gleichzusetzen sei. Für ihn schlug er den Artnamen *Meganthropus canadensis* vor. „Egal, ob es sich hierbei tatsächlich um einen Affenmenschen handeln sollte, oder einfach um ein mythologisches Wesen. Bigfoot lebt in den Köpfen und Herzen der Bevölkerung vor Ort. Ein Großteil der Menschen vor Ort glaubt fest an die Existenz des Bigfoot und viele Menschen können Geschichten und Erlebnisse mit diesem erzählen". Dies schrieb der Kryptozoologe Michael Schneider in „Der Fährtenleser" nach einer deutschen Expedition im Sommer 2008 in die großen Urwaldgebiete an der Pazifikküste im US-Bundesstaat Washington. Ziel dieser Expedition war, vor Ort einige Daten über den legendären „Bigfoot" zu sammeln. Aus dem US-Bundesstaat Washington mit unberührten Waldgebieten sowie Bergen und Vulkanen der Cascade Mountains sind besonders viele „Bigfoot"-Sichtungen bekannt. Bei der Expedition konnte zwar kein einziger Beweis für oder gegen die Existenz des „Bigfoot" gefunden, aber „eine ganze Menge an Datenmaterial" zusammengetragen werden.
Im Juli 2008 tischten zwei Männer die phantastische Geschichte auf, sie hätten im Norden des US-Staates Georgia eine „Bigfoot"-Leiche entdeckt. Einer der beiden angeblichen Entdecker war der damals 31 Jahre alte Matt Whitton, ein aus gesundheitlichen Gründen beurlaubter Polizist. Der andere „Entdecker" heißt Rick Dyer, war 28 Jahre alt und

ein ehemaliger Gefängnisaufseher. Die Beiden machten mit Videos auf dem Online-Portal „YouTube", auf ihrer Internetseite und bei einer Pressekonferenz auf ihren Fund aufmerksam. Sie boten „Bigfoot"-Wochenend-Expeditionen für 499 US-Dollar an und erklärten, sie hätten nichts dagegen, mit ihrem tiefgefrorenen Fund ein paar Dollar extra zu verdienen.

Zur Pressekonferenz von Whitton und Dyer in Palo Alto über ihre Entdeckung erschienen mehrere hundert Journalisten und „Bigfoot"-Fans. Einer der Neugierigen kam im Kostüm der haarigen Figur „Chewbacca" aus dem Film „Star Wars". „Chewbacca" ist in diesem Streifen der Copilot und Freund von Han Solo und ein so genannter Wookie. Moralisch unterstützt wurden Whitton und Dyer von Tom Biscardi, dem Chef der Gruppe „Searching for Bigfoot", die von anderen „Bigfoot"-Fans als unseriös betrachtet wird.

Whitton und Dyer zeigten bei ihrer Pressekonferenz zwei unscharfe Fotos. Auf einer dieser Aufnahmen soll der Kopf des Affenmenschen zu sehen sein. Die von ihnen entdeckte Kreatur sei mehr als zwei Meter lang und rund 270 Kilogramm schwer, behaupteten Whitton und Dyer. Als wichtigstes Beweisstück wurde die E-Mail eines Wissenschaftlers aus Minnesota erwähnt, der im Auftrag von Whitton, Dyer und Biscardi eine „DNA"-Analyse der Leiche erstellt haben soll. Doch diese Analyse warf Fragen auf. Von drei Proben konnte eine wegen technischer Probleme nicht analysiert werden. Die zweite stamme von einem Menschen und die dritte von einem Opossum, hieß es.

Jeffrey Meldrum, Zoologe und Anthropologe an der „Idaho State University" und „Bigfoot"-Forscher, hielt die Behauptungen des Trios Whitton, Dyer und Biscardi für „nicht sehr überzeugend". Das auf deren Internetseite gezeigte Foto

Jeff Meldum,
Professor für Anatomie und Anthropologie
an der „Idaho State University"
in Pocatello (Idaho)

wirkte auf ihn wie „ein Kostüm mit künstlichen Eingeweiden", erklärte er dem Magazin „Scientific American". Im „Discovery Channel" wies Meldrum auf eine „auffallende Ähnlichkeit" mit einem Affenkostüm hin, das jeder kaufen könne.

Seltsamerweise lieferten Whitton und Dyer drei unterschiedliche Darstellungen darüber, wie sie die angebliche Leiche von „Bigfoot" entdeckt haben wollen. Laut ersten Videos wurde „Bigfoot" von einem Ex-Verbrecher angeschossen und die beiden Gangster verfolgten ihn in einem Wald. Gemäß einer zweiten Version haben Whitton und Dyer sogar eine ganze „Bigfoot"-Familie in den Bergen im Norden von Georgia aufgespürt. Nach einer dritten Version stolperten sie bei einer Wanderung über die „Bigfoot"-Leiche.

In einem Video bei „YouTube" sieht man Whitton und Dyer beim Gespräch mit einem Mann, den beide als Wissenschaftler bezeichneten. Später gaben sie zu, es handle sich um den Bruder von Dyer. Rick Dyer erklärte später auch, sie hätten einfach Spaß gehabt. Als jemand Whitton und Dyer fragte, wer ihnen angesichts so vieler Albernheiten noch glauben sollte, antwortete Dyer, die Skeptiker seien doch nur neidisch. Sie hätten aber gar keine andere Wahl, als ihnen zu glauben, denn sie hätten eine Leiche.

Der erwähnte Zoologe und Anthropologe Jeff Meldrum will mit seriöser Forschung die Existenz des Affenmenschen „Bigfoot" beweisen. Sein Interesse an „Bigfoot" war schon 1967 durch den erwähnten „Patterson/Gimlin-Film" geweckt worden, der damals in vielen Kinos der USA zu sehen war und das Publikum schaudern ließ. Meldum ließ diesen Film von Bewegungsspezialisten begutachten und zog Experten für Spezialeffekte des Disney-Konzerns zu Rate. Danach zog er das Fazit, kein Mensch sei fähig, sich auf die dargestellte

Frühmenschen (Homo erectus)
bei der Jagd auf Menschenaffen (Gigantopithecus blacki)
im alten Teil („Sauriergarten Großwelka")
des „Saurierparks" in Bautzen-Kleinwelka (Sachsen).
Von Gigantopithecus blacki kennt man bisher
nur fossile Zähne und Kieferreste aus China,
anhand derer man eine Körpergröße
bis zu drei Metern errechnete.

Weise in einem Affenkostüm zu bewegen. Das Hamburger Nachrichten-Magazin „Der Spiegel" berichtete 2009, Meldum halte den „Patterson/Gimlin-Film" für ein einzigartiges Beweisstück. Wenn diese Aufnahmen authentisch seien, sei das der aufregendste Naturfilm, den es jemals gegeben habe. Zur Erinnerung: Schon 2002 war der „Patterson/ Gimlin-Film" durch Michael Wallace glaubhaft als Fälschung entlarvt worden.

Der schnauzbärtige Jeff Meldrum gilt als anerkannter Spezialist für die Bewegungsabläufe von Primaten. Er vertritt auch eine Theorie, wie „Bigfoot" in die nordamerikanische Wildnis gelangt sein könnte. Nach seiner Auffassung könnte der urzeitliche Riefenaffe *Gigantopithecus* gegen Ende des Eiszeitalters vor etwa 14.000 bis 13.000 Jahren aus Asien über eine Landverbindung in der Beringstraße eingewandert sein, über die auch die ersten Ureinwohner nach Amerika gelangten. Geoffrey Bourne, der damalige Leiter des „Yerkes Primate Center", hatte dies bereits 1975 ebenfalls vermutet.

Naturgemäß stoßen die Aktivitäten von Jeff Meldrum bei der Suche nach „Bigfoot" bzw. „Sasquatch" nicht nur auf Zustimmung. Belächelt wurde beispielsweise seine Expedition in Begleitung „einiger Getreuer" in die kanadische Einöde, wo er am ablegenen See „Snelgrove Lake" in einer Fischerhütte campierte. Dabei soll sich Merkwürdiges ereignet haben: Nachts wurde die Hütte angeblich von einer knurrenden Kreatur mit Steinen beworfen, wozu ein Bär nicht fähig gewesen wäre. Auf den Spott der Fachwelt reagierte Meldum unwirsch: „Die Skeptiker in ihren Lehnsesseln haben kaum oder gar keine Ahnung, wie weitreichend die Belege da draußen sind". Es war allerdings schon seltsam, dass „Bigfoot" ausgerechnet Steine auf eine Hütte geschleudert

Der niederländisch-deutsche Paläanthropologe Gustav Heinrich von Koenigswald (1902–1982) nahm die erste wissenschaftliche Beschreibung des prähistorischen Menschenaffen Gigantopithecus blacki vor. Diese fußte auf ungewöhnlich massiven Backenzähnen, die ihm in chinesischen Apotheken aufgefallen waren. Dort bot man vermeintliche „Drachenzähne" als Medizin an. Zu Pulver zermahlene „Drachenzähne" sollten wahre medizinische Wunder vollbringen, vor allem für die männliche Potenz. 1935 fand Koenigswald zwei solcher Zähne in Hongkong und einen in Kanton, 1939 einen weiteren in Hongkong. Diese Zähne waren mit einer Backenzahnkrone von rund 2,5 Zentimeter Durchmesser doppelt so groß wie jene eines Gorillas. 1935 schlug von Koenigswald den wissenschaftlichen Namen Gigantopithecus blacki vor. Der Gattungsname Gigantopithecus besteht aus den griechischen Begriffen „gigas" bzw. „gigantos" (Riese) und „pithekos" (Affe). Der Artname blacki erinnert an den kanadischen Anatomen Davidson

66

Black, der 1934 in Peking an seinem Schreibtisch – den Schädel eines prähistorischen Peking-Menschen in der Hand haltend – einem Herzschlag erlegen war. Gigantopithecus blacki heißt zu deutsch „Blacks Riesenaffe". Von Koenigswald ordnete 1952 Gigantopithecus einem Seitenzweig der Menschenlinie zu. Von Kryptozoologen werden der Affenmensch „Bigfoot" in Nordamerika und der Schneemensch „Yeti" in Asien oft mit Gigantopithecus in Verbindung gebracht.

haben soll, in der sich Leute aufhielten, die nach ihm Ausschau hielten.

2010 will der kanadische Kryptozoologe Randy Brisson einen Affenmenschen fotografiert haben. Er war in Begleitung seines Sohnes Ray etwa 16 Kilometer von Vancouver entfernt unweit des Pitt Lake auf „Sasquatch"-Suche unterwegs. Zunächst fielen ihm auf dem schneebedeckten Erdboden Fußspuren auf, die er zwei „Sasquatch" zuschrieb. Wegen der unterschiedlichen Größe dieser Fußabdrücke ging er davon aus, ein erwachsenes Tier sei mit seinem jugendlichen Nachwuchs unterwegs. Die kleineren Abdrücke wirkten so, als ob sie von Füßen stammten, die krankhaft zur Seite geneigt seien. Randy Brisson und dessen Sohn Ray folgten vorsichtig den Fußspuren, bis sie plötzlich hinter einem Busch ein affenähnliches Gesicht durch das Blattwerk erspähten. Randy gelang nur ein Schnappschuss, weil der Affenmensch blitzschnell das Weite suchte. Auf eine weitere Verfolgung verzichtete Randy, weil er befürchtete, die Kreaturen würden mit Steinen werfen. Dies sei auch der Grund dafür, dass ihm nur ein unscharfes Foto gelang und seine Videokamera nicht zum Einsatz kam. Das einzige Foto zeigt vor allem einen grünen Busch, aus dessen Blattwerk ein behaartes, affenähnliches Gesicht lugt. Randy Brisson legte sein unscharfes Foto den Russen Igor Burtsev und Dmitry Bayanov, die Direktoren des „International Center for Hominology" („ICH") sind, zur Begutachtung vor. Burtsev und Bayanov kamen zu dem Schluss, das Foto von Brisson, den sie als vertrauenswürdigen Forscher einschätzten, sei nicht gefälscht worden.

Für die meisten Forscher ist „Bigfoot" lediglich ein Mythos. Ungeachtet dessen suchen immer wieder Laien und Wissenschaftler nach diesem Affenmenschen mit den unglaublich großen Füßen. Bei vermeintlichen Sichtungen hält man oft Braunbären oder Grizzlybären, die sich zeitweise aufrecht bewegen, für „Bigfoot".

Thomas Bergmann wies 2010 in der Zeitschrift „Der Fährtenleser" darauf hin, genau betrachtet sei die Wahrscheinlichkeit, in der Wildnis auf einen scheuen Affenmenschen wie „Bigfoot" oder „Sasquatch" zu treffen, verschwindend gering. Als Lebensraum dieser Wesen gelten dichte Wälder im Pazifischen Nordwesten der USA und von Kanada, aber auch dichte Bergwälder entlang der Ostküste der USA und in Zentralkanada. In diesen Gebieten lebten kaum Menschen und sie seien so groß, dass man tagelang darin wandern könne, ohne auf einen Weg oder eine Straße zu stoßen. Abseits der Wanderwege („Hiking-Trails") könne man stundenlang unterwegs sein, ohne auf Menschen zu treffen.

Wie schwer ein Affenmensch bei Dunkelheit zu entdecken ist, zeigten Experimente deutscher Kryptozoologen. Thomas Bergmann zog eine schwarze Mütze und schwarze Kleidung an, schwärzte sein Gesicht und versteckte sich bei Dunkelheit in einem Waldstück, während andere Teilnehmer versuchten, ihn von einem Waldweg aus zu entdecken. Bergmann hielt sich im Abstand von etwa fünf bis 15 Metern vom Weg entfernt auf und bewegte sich im Schutz der Bäume langsam vorwärts. Trotz heller Halogen-Taschenlampen und intensiver Anstrengungen, ihn zu entdecken, verging über eine halbe Stunde, bis er eher zufällig erspäht wurde.

Im Volkspark Niddatal am Stadtrand von Frankfurt-Bockenheim simulierten die selben Kryptozoologen eine möglichst zufällige Sichtung. Dieser Park mit viel Baumbestand ist auch während der Abendstunden noch zugänglich und wird von Spaziergängern, Joggern und Radfahrern aufgesucht. Thomas Bergmann hielt sich hinter einigen Bäumen auf, wäh-

*Der Grizzlybär kann sich zeitweise aufrecht fortbewegen
und wird manchmal irrtümlich für „Bigfoot“ gehalten.*

rend seine beiden Begleiter, die nun seinen Standort kannten, die Reaktionen der Vorbeikommenden beobachteten. In der ersten halben Stunde stand Bergmann zwischen Bäumen und Sträuchern leicht verborgen, ohne dass ihn einer von 18 vorbeikommenden Passanten entdeckte. In der nächsten halben Stunde schlich er langsam zwischen Bäumen und Sträuchern umher, ohne dass ihn einer von 13 Passanten erspähte. Lediglich ein Hund bemerkte ihn, blieb kurz stehen, sah ihn an und folgte dann wieder seinem Herrn, ohne dass dieser ihn entdeckt zu haben schien. Weil der Abend weiter voranschritt und die Experimentteilnehmer nicht unnötig Aufsehen erregen wollten, beendeten sie ihren interessanten Versuch. Ihr Fazit: Bereits in einem lichten Waldgebiet in Deutschland ist es schwer, eine solche Beobachtung zu machen.

Die Legende des nordamerikanischen Affenmenschen „Bigfoot" wurde immer wieder in Büchern, im Film, Fernsehen, Internet und Computerspiel aufgegriffen. Es vergeht auch kein Jahr ohne angebliche „Bigfoot"-Sichtungen in den USA. Das Internet-Lexikon „Wikipedia" erwähnt zahlreiche Kino- und Fernsehfilme, in denen „Bigfoot" eine Rolle spielte. In der Filmkomödie „Harry and the Hendersons" (1987) beispielsweise fährte die Familie Henderson auf dem Rückweg von einem Campingausflug versehentlich einen „Bigfoot" an, nimmt ihn mit nach Hause und nennt ihn „Harry". Jener „Bigfoot" benimmt sich ungeschickt, ist ziemlich gefräßig, aber auch sehr liebenswert. Diese amüsante Story flimmerte von 1991 bis 1993 als gleichnamige Serie auf dem Fernsehbildschirm.

In einer Serie der „Simpsons" mit dem Titel „Vorsicht, wilder Homer" hält man den nackten und mit Schlamm bedeckten Homer Simpson irrtümlich für „Bigfoot". Im Disney-

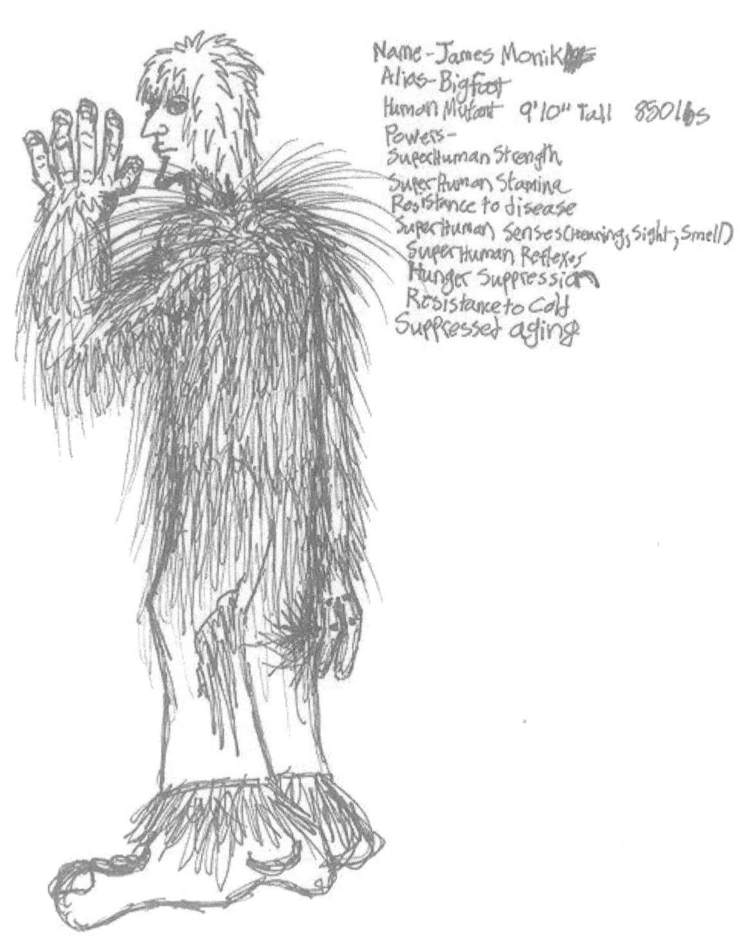

*Humorvolle Darstellung von „Bigfoot",
Zeichnung von User „Matts900" bei „Wikipedia"*

Film „Goofy – Der Film" begegnen Goofy und sein Sohn Max einem „Bigfoot" , der sie daran hindert, ihr Auto zu verlassen. In der Serie „Zurück in die Vergangenheit" gibt es eine Folge namens „Die Suche nach Bigfoot". Darin hievt „Bigfoot" ein festsitzendes Auto wieder auf die Straße und wird dabei von Dr. Sam Beckett beobachtet.

In der Episode „S03E04 – Das Geisterschiff" muss sich der Serienheld „MacGyver" ständig mit „Bigfoot" herumschlagen. Beim Kampf mit dieser Kreatur stellt sich heraus, dass es sich um einen menschlichen Bösewicht im Affenmenschen-Kostüm handelt. Gegen Ende wird die Nichtexistenz von „Bigfoot" wieder in Frage gestellt, weil plötzlich Tiergebrüll zu hören ist.

Auf eine Kreatur, die wie „Bigfoot" aussieht, treffen drei Detektive aus Rocky Beach in der Episode „Das Bergmonster" der Jugendbuchserie „Die drei Fragezeichen". Darin treten ein Wildjäger und ein Naturschützer als Gegenspieler auf, die jeweils versuchen, dieses furchterregende, aber letzlich harmlose Lebewesen zu fangen oder vor der Gefangennahme zu bewahren.

„Bigfoot" steht auch im Computerspiel „Sam'n'Max hit the Road" im Mittelpunkt der Handlung. Es geht darum, einen aus einem Zirkus getürmten „Bigfoot" zu fangen. Bei den Ermittlungen wird allmählich eine ganze „Bigfoot"-Kultur aufgedeckt.

Mit dem nordamerikanischen Affenmenschen befassen sich die „International Bigfoot Society" und die „Bigfoot Field Researchers Organization" („BFRO"). Allein die „BFRO" hat mit – Ausnahme von Hawaii und Rhode Island – aus vielen US-Bundesstaaten ungefähr tausend Hinweise auf „Bigfoot" zusammengetragen. Diese hohe Zahl macht manchen renommierten Forscher nachdenklich. George Schaller,

Britische Schimpansenforscherin
Jane Goodall

74

der Direktor der angesehenen „Wildlife Conservation
Society", meinte: „Es gab zahllose Begegnungen in den letzten Jahren. Selbst wenn man 95 Prozent davon vergessen
kann, sollte es auch für den Rest doch eine Erklärung ge-
ben".

Eine überraschende Antwort gab die berühmte britische
Schimpansenforscherin Jane Goodall, als sie in einem Interview von „National ‚Public's Radio" gefragt wurde, ob sie
an die Existenz von Affenmenschen wie „Yeti" oder
„Bigfoot" glaube. Goodall erklärte, sie habe mit vielen Indianern („Native Americans"), die alle die gleichen „Bigfoot"-Geräusche gehört hätten, gesprochen und müsse diese
Frage bejahen. Seitdem gilt Goodall bei „Bigfoot"-Fans als
Kronzeugin. Allerdings relativierte die Schimpansenforscherin ihre Aussage damit, sie sei romantisch und wünsche
sich, dass solche Wesen existierten. Es sei aber ein großes
Problem, dass man bisher keinen toten „Bigfoot" gefunden
habe, vielleicht gebe es ihn doch nicht.

Wenn man die Frage stellt, weshalb man bisher noch kein
Skelett oder wenigstens einige Knochen von „Bigfoot" entdeckt habe, wissen seine Fans auch hierauf eine Antwort.
Ray Crowe, der Gründer der „Western Bigfoot Society", beispielsweise vermutete, „Bigfoots" beerdigten vielleicht ihre
toten Verwandten. Andere Experten glaubten, durch die noch
intakten Lebensgemeinschaften in den Nadelwäldern des
nordamerikanischen Kontinents würden „Bigfoot"-Kadaver
schnell gefressen und Überreste verteilt. Deswegen sei die
Wahrscheinlichkeit, in diesem abgelegenen Gebiet verwert-
bare Überreste zu finden, so gut wie nicht vorhanden.

Selbst unter „Bigfoot"-Fans herrscht keine Einigkeit darüber,
was dieser vermeintliche nordamerikanische Affenmensch
denn nun eigentlich ist. Manche Kryptozoologen spekulie-

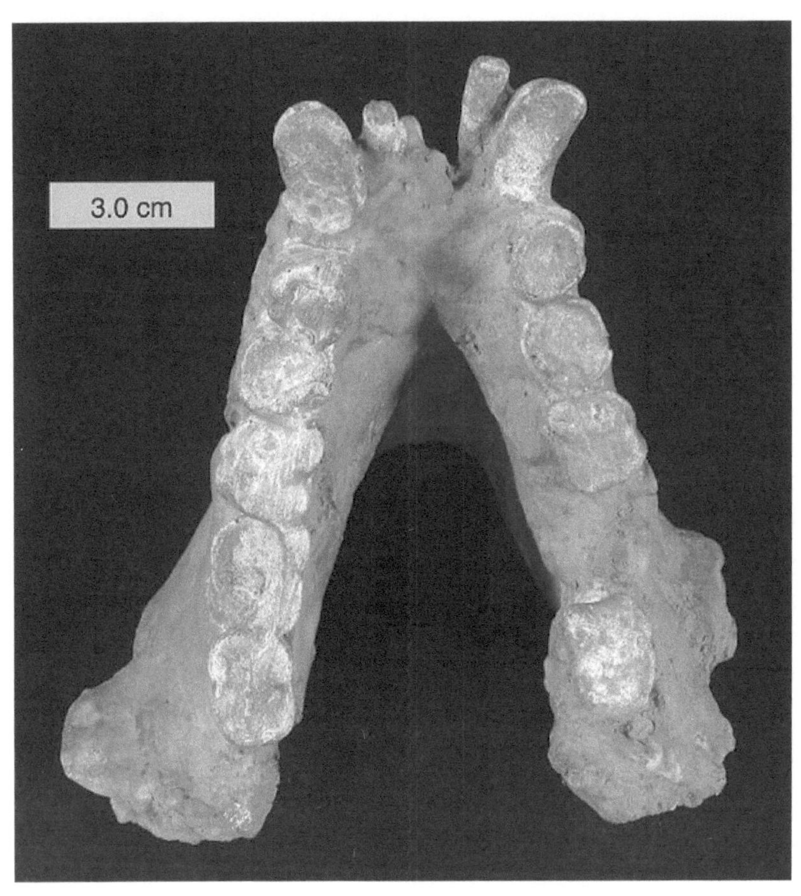

Unterkiefer des prähistorischen Menschenaffen
Gigantopithecus blacki
in der Sammlung des „College of Wooster",
Ohio (USA)

76

ren, der einst in Asien (Nordindien, Pakistan, China) heimische prähistorische Menschenaffe *Gigantopithecus blacki* habe im Eiszeitalter einen Weg nach Nordamerika gefunden („Bigfoot-Giganto-Theorie"). Andere Experten vermuten, bei „Bigfoot" könne es sich um einen Nachfahren im Eiszeitalter eingewanderer Frühmenschen *(Homo erectus)* oder Neandertaler *(Homo sapiens neanderthalensis)* handeln. Es hieß auch, Neandertaler hätten sich im Laufe der letzten Jahrtausende an das Leben in den Wäldern Nordamerikas angepasst und wegen des reichlichen Nahrungsangebotes eine imposante Größe bis zu drei Metern erreicht. Nach einer anderen Theorie sollen „Bigfoots" verwilderte Menschen sein, die sich in den Wäldern vor zivilisierten Menschen versteckten. Dies steht nach Ansicht von Kritikern aber im Widerspruch mit den ungewöhnlich großen Fußabdrücken. Manche Indianer betrachten „Bigfoots" als mächtige Naturgeister, die gelegentlich auf der Erde wandeln. Und einige Phantasten spekulieren sogar, „Bigfoots" seien Außerirdische.
„Bigfoot"-Skeptiker halten es für unmöglich, dass in den USA ein zwei bis drei Meter großes Ungetüm herumtollen soll. Es sei doch sehr erstaunlich, sagen sie, dass es bisher niemand gelungen sei, „Bigfoot" zumindest ordentlich zu fotografieren. „Irgendwann muss solch ein Zottelmonster doch vor ein Auto oder einen schießwütigen Jäger laufen", erklärte der Autor Benjamin Radford im „Sceptical Inquirer". Mit „Bigfoot" befassen sich auch nach ihm benannte Museen in den USA. In San Francisco (Kalifornien) existiert das „Bigfoot Museum". Dessen Kurator ist Erik Beckjord. Im „Willow Creek – China Flat Museum" (Kalifornien) trägt eine Sektion den Namen „Bigfoot Museum". In Willow Creek gibt es auch ein „Bigfoot Hotel", in dem „Bigfoot"-Fans übernachten und einen „Bigfoot Burger" bestellen kön-

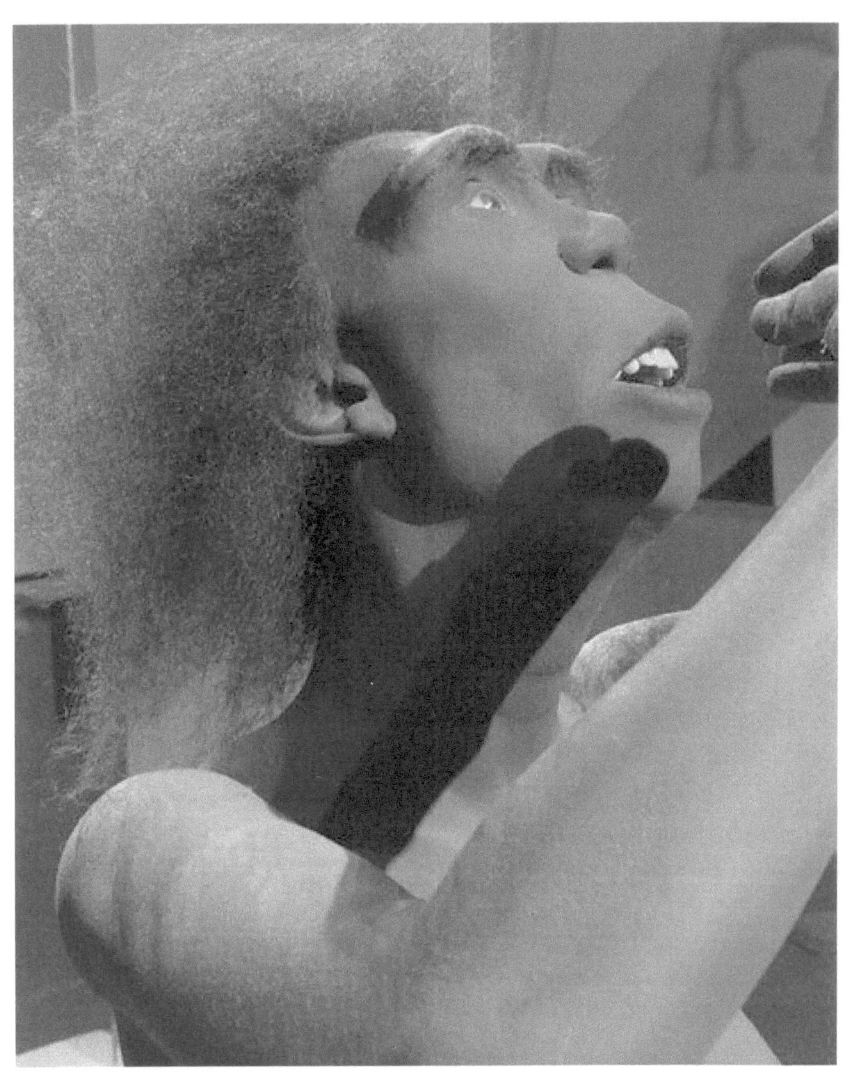

Rekonstruktion des Frühmenschen
(Homo erectus)
im Neanderthal-Museum bei Mettmann

Rekonstruktion des Neandertalers
(Homo sapiens neanderthalensis)
im Neanderthal-Museum bei Mettmann

*Rekonstruktion von „Bigfoot" am Highway 504
östlich von Silver Lake (Washington)*

nen. In Felton (Kalifornien) existiert das „Bigfoot Discovery Museum", das alljährlich einen „Bigfoot Discovery Day" veranstaltet. In Kanada kam der Affenmensch „Sasquatch" auf einer Briefmarke zu Ehren.

„Wilde Männer" und merklich seltener „Wilde Frauen" tauchten im Mittelalter auch in Mitteleuropa in Sagen, Märchen und in der Literatur auf. Der „Wilde Mann" wurde als Einzelgänger, mit Riesenkräften ausgestatteter, stark behaarter, nackter oder nur mit Moos oder Laub bekleideter Urmensch beschrieben. Laut Online-Lexikon „Wikipedia" hatte dieses Geschöpf einerseits eine halbtierische oder primitive Lebensweise, andererseits aber auch eine paradiesische und naturverbundene. Besonders gern hielt sich der „Wilde Mann" angeblich in unbewohnten oder unbewohnbaren Wälder auf. „Wilde Männer" und „Wilde Frauen" sind auf Wandteppichen, Chorgestühl, Reliquienkästen Fliesen, Glasmalereien, Grafiken, Spielkarten, Wappen, Münzen und Figuren darstellt. Nach ihnen hat man Flurstücke, Berge, Gruben, Stollen, Bergstädte, Hotels und Restaurants benannt. „Wilde Männer" gelten als eine spezielle mitteleuropäische ‚Form einer weltweit in allen Kulturen vorkommenden mythischen oder abergläubischen Vorstellung von halbmenschlichen Waldbewohnern.

Bild auf Seite 83:

Historische Darstellung eines „Wilden Mannes"
auf dem Kunstwerk „The Fight in the Forest"
des Augsburger Malers und Zeichners
Hans Burgkmair der Ältere (1473–1531) um 1500/1503.
Aufbewahrungsort: National Gallery of Art,
Washington

Autor Ernst Probst

Der Autor

Ernst Probst, geboren am 20. Januar 1946 in Neunburg vorm Wald im bayerischen Regierungsbezirk Oberpfalz, ist Journalist und Buchautor. Er arbeitete von 1968 bis 1971 als Redakteur bei den „Nürnberger Nachrichten", von 1971 bis 1973 in der Zentralredaktion des „Ring Nordbayerischer Tageszeitungen" in Bayreuth und von 1973 bis 2001 bei der „Allgemeinen Zeitung", Mainz. Von 2001 bis 2006 war er zunächst als Buchverleger und später auch weltweit als Fossilien- und Antiquitätenhändler aktiv
In seiner Freizeit schrieb Ernst Probst vor allem populärwissenschaftliche Artikel für die „Frankfurter Allgemeine Zeitung", „Süddeutsche Zeitung", „Die Welt", „Frankfurter Rundschau", „Neue Zürcher Zeitung", „Tages-Anzeiger", Zürich, „Salzburger Nachrichten", „Oberösterreichische Nachrichten", Linz, „Die Zeit", „Rheinischer Merkur", „Deutsches Allgemeines Sonntagsblatt", „bild der wissenschaft", „kosmos", „Deutsche Presse-Agentur" (dpa), „Associated Press" (AP) und den „Deutschen Forschungsdienst" (df).
Aus der Feder von Ernst Probst stammen zahlreiche Beiträge der Buchreihe „Geschichten, die die Forschung schreibt" sowie die Bücher „Deutschland in der Urzeit" (1986), „Deutschland in der Steinzeit" (1991), „Rekorde der Urzeit" (1992), „Dinosaurier in Deutschland" (1993 zusammen mit Raymund Windolf) und „Deutschland in der Bronzezeit" (1996). Von 1986 bis heute veröffentlichte Probst mehr als 200 Bücher, Taschenbücher, Broschüren und E-Books.

An „Bigfoot" erinnert „Wookie",
von 1993 bis 2008 das Maskottchen des Basketball-Teams
von „Seattle SuperSonics NBA".

Literatur

BAYANOW, Dmitri: America's Bigfoot: Fact, Not Fiction, Moskau 1997
BERGMANN, Thomas: Verborgen im Wald. In: Der Fährtenleser, Ausgabe 9, S. 13–16, Krombach 2010
BERNARD HEUELMANS Wikipedia
http://de.wikipedia.org/wiki/Bernard_Heuvelmans
BIGFOOT, Wikipedia http://de.wikipedia.org/wiki/Bigfoot
BINDERNAGEL, John: North America's Great Ape: The Sasqatch, Courtenay 1998
BORD, Janet / BORD, Colin: Unheimliche Phänomene des 20. Jahrhunderts, München 1995
BORD, Janet / BORD, Colin: Der amerikanische Yeti. Auf den Spuren des geheimnisvollen Bigfoot, Rastatt 1998
BRITISH COLUMBIA SCIENTIFIC CRYPTOZOOLOGY CLUB
http://www.ultranet.ca/bcscc
BYRNE, Peter: The Search for Big Foot: Monster, Myth opr Man? Washington 1975
CAZOTTES, Pascal / SARRE, François: Sirènes et Hommes-marins, du mythe à l'evidence scientifique", Paris 2006´
CIOCHON, Russel / OLSEN, John / JAMES, Jamie: Warum musste Giganto sterben? Braunschweig 1992
COLEMAN, Loren / CLARK, Jerome: Cryptozoology A to Z: The Encyclopedia of Loch Monsters, Sasquatch, Chupacabras, and Ohther Authenthics Mystreies of Nature, Sutton Valence 1999
COLEMAN, Loren / HUYGHE, Patrick: The Field Guide

to Bigfoot, Yeti and Other Mystery Primates Worldwide, New York City 1999

CRYPTOZOO.ORG http://www.cryptozoo.org

DER SPIEGEL: Affenmensch angeblich entdeckt. Der große Bigfoot-Schwindel, Hamburg, 16. August 2008

DER SPIEGEL: Spuren im Schlamm. Der US-Zoologe Jeff Meldrum will die Existenz des sagenumwobenen Affenmenschen „Bigfoot" beweisen. Nun wähnt er sich fast am Ziel, Heft 7, S. 120, Hamburg 2009

DRACH, Markus Schulte von: Amerikas mysteriöser Riesenaffe, Süddeutsche Zeitung, München, 17. Mai 2010

FRENZ, Lothar: Riesenkraken und Tigerwölfe – Auf den Spuren der Kryptozoologie, Hamburg 2003

GEBHARDT, Harald / LUDWIG, Mario: Von Drachen, Yetis und Vampiren – Fabeltieren auf der Spur, München 2005

GIGANTOPITHECUS BLACKI http://www.primata.de

GIGANTOPITHECUS GIGANTEUS http://www.primata.de

GIGANTOPITHECUS Wikipedia http://de.wikipedia.org/wiki/Gigantopithecus

GORDON, David George: Field Guide to the Sasquatch, Seattle 1992

GREEN, John: On the Track of Sasquatch, Agassiz 1968

GREEN, John: The Sasquatch File, New York 1973

GREEN, John: Sasquatch: The Apes Among Us, Seattle 1978

GRENZWISSENSCHAFT-AKTUELL. Täglich aktuelle Nachrichten aus Grenz- und Parawissenschaft http://grenzwissenschaft-aktuell.blogspot.de

GROVER KRANTZ, Wikipedia http://de.wikipedia.org/
wiki/Greover_Krantz
HEUVELMANS, Bernard: On the Track of Unknown
Animals, London 1963
HÖFLING, Helmut: Ufos, Urwelt, Ungeheuer. Das große
Buch der Sensationen, Köln 1996
HOOIJER, Dirk Albert: Some Notes on the
Gigantopithecus question, American Journal of Physical
Anthropology 7, S. 513–518, Philadelphia 1949
HOOIJER, Dirk Albert: The Geological Age of
Pithecanthropus, Meganthropus and Gigantopithecus,
American Journal of Physical Anthropology 9, S. 265–
272, Philadelphia 1951
HUNTER, Don / DAHINDEN, René: Sasquatch, Toronto
1973
JOHNSON, Stan: Bigfoot Memoirs: My Life with the
Sasquatch, Neweberg 1995
KOENIGSWALD, Gustav Heinrich Ralph von: Eine
fossile Säugetierfauna mit Simia aus Südchina,
Koninklijke Akademie van Wetenschapen te Amsterdam,
Amsterdam 1935
KRANTZ, Grover S.: Big Footprints: A Scientific Inquiry
into Reality of Sasquatch, Boulder 1992
KRANTZ, Grover S.: Bigfoot Sasquatch Evidence, Seattle
1999
KRYPTOZOOLOGIE-ONLINE
http://www.kryptozoologie-online.de
KRYPTOZOOLOGIE, Wikipedia,
http://de.wikipedia.org/wiki/Kryptozoologie
KRYPTOZOOLOGIE, Wikipedia
http://wikipedia.org/wiki/Kryptid
LAUFER, Tal: Bigfoot, Halle 2006

MARKOTIC, Vladimir / KRANTZ, Grover S. (Herausgeber): The Sasquatch and other Unknown Hominoids, Calgary 1984
MAROZI: Hominologie – ein taxonomischer Überblick. http://www.kryptozoologie-online.de
MICHEL, Kai; Ein wenig chauvinistisch ist er schon. Von wegen Hoax: Bigfoot lebt, Telepolis Wissenschaft, Hannover, 1. Februar 2009
NAICA-LOEBELL, Andrea: King Kong umarmte den Menschen. Neue Forschungen zeigen, dass der größte Primat, der jemals gelebt hat, den Menschen noch traf, bevor er ausstarb, Telepolis Wissenschaft, 3. Dezember 2005
NAPIER, John: Bigfoot: The Yeti and Sasquatch in Myth and Reality, London 1972
OSTMAN, A.: I Was Kidnapped by a Sasquatch, Agassiz-Harrison The Advance, British Columbia 1957
PATTERSON, Roger: Do Abominable Snowman of America Really Exist? Yakima 1966
PROBST, Ernst: Deutschland in der Steinzeit, München 1991
PROBST, Ernst: Rekorde der Urzeit, München 1992
PROBST, Ernst: Nessie. Das Monsterbuch, Mainz-Kostheim 2003
REITZ, Manfred: Rätseltiere: Kryptozoologie. Mythen, Spuren und Beweise, Stuttgart 2005
ROOSEVELT, Theodore: The Wilderness Hunter, New York 1893
SANDERSON, Ivan T.: The Strange Story of America's Abominable Snowman, True Magazine, December, New York 1959
SANDERSON, Ivan T.: A New Look at America's

Mystery Giant, True Magazine, März, New York 1960
SANDERSON, Ivan T. Anominable Snowmen: Legend
Come to Life, Philadelphia 1961
SARRE, François: Waterhabits in Homo erectus and
possible Survival. Bipedia, Nizza 2003
SCHNEIDER, Michael: Spuren des Unbekannten –
Kryptozoologie – Monster, Mythen und Legenden,
Norderstedt 2002
SCHNEIDER, Michael: Bigfoot. Nordamerikas Wald-
mensch. In: Der Fährtenleser, Ausgabe 5, S. 4–16,
Krombach 2008
SCHNEIDER, Michael: Der Minnesota-Eismensch. In:
Der Fährtenleser, Ausgabe 5, S. 19–27, Krombach 2008
SCHNEIDER, Michael: Ist Bigfoot ein Wasserbewohner?
In: Der Fährtenleser, Ausgabe 9, S. 29–34, Krombach
2010
SHACKLEY, Myra: Und sie leben doch. Bigfoot, Almas,
Yeti und andere geheimnisvolle Wildmenschen, München
1983
SPIEGEL ONLINE http://www.spiegel.de: Bigfoot ist
gerade gestorben, Hamburg, 6. Dezember 2002
SPIEGEL ONLINE http://www.spiegel.de: Der große
Bigfoot-Schwindel, Hamburg, 16. August 2008
SPIEGEL ONLINE http://www.spiegel.de:
Expertenkonferenz – Bigfoot stinkt in Zeit und Raum,
Hamburg, 28. September 1999
STUART, J.: Canadas Abominable Snowman, Argosy Ma-
gazine, Dezember 1959
ZIEHR, Wilhelm (Herausgeber): Mysteriöse Fabeltiere
und geisterhafte Wesen: vom Ungeheuer im Loch Ness bis
zum Schneemenschen, Gütersloh 1987

Bildquellen

Lizard King / CC-BY-SA3.0: 1 (via Wikimedia
Commons), lizensiert unter CreativeCommons-Lizenz
by-sa-3.0-de, http://creativecommons.org/licenses/by-sa/
3.0/de/legalcode
TKnoxB from Chemainus, BC, Canada / http://flickr.com/
photos/59824614@N00/17022620 / CC-BY2.0: 8 (via
Wikimedia Commons), lizensiert unter
CreativeCommons-Lizenz by-2.0-en,
http://creativecommons.org/licenses/by/2.0/legalcode
Philippe Semeria / www.philippe-semeria.com /
CC-BY3.0: 10 (via Wikimedia Commons), lizensiert unter
CreativeCommons-Lizenz by-3.0-en,
http://creativecommons.org/licenses/by/3.0/legalcode
Winnipeg Free Press / http://members.shaw.ca/aborsuk9/
Th_News_Article_May11.html / Porträt eines unbe-
kannten Künstlers: 12 (via Wikimedia Commons), Lizenz:
gemeinfrei (Public domain)
Library of Congress, Washington / Reproduktion einer
Frontispiz-Illustration eines zeitgenössischen Buches: 14
(via Wikimedia Commons), Lizenz: gemeinfrei (Public
domain)
Reproduktion eines Gemäldes von John Mix Stanley
(1814–1872) um 1860, Free Online Encyclopedia of
Washington State History: 16
Reproduktion eines Selbstporträts des Malers Paul Kane
(1810–1871) zwischen 1846 und 1848,
Aufbewahrungsort: Stark Museum of Art, Orange, Texas,
USA: 18

Bücher von Ernst Probst

Als Mainz noch nicht am Rhein lag

Archaeopteryx. Die Urvögel aus Bayern

Das Einhorn. Ein Tier, das nie gelebt hat

Das Moustérien. Die große Zeit der Neanderthaler

Das Rätsel der Großsteingräber. Die nordwestdeutsche
Trichterbecher-Kultur

Der Höhlenbär

Der Rhein-Elefant. Das „Schreckenstier" von Eppelsheim

Der Ur-Rhein. Rheinhessen vor zehn Millionen Jahren

Deutschland im Eiszeitalter

Deutschland in der Frühbronzezeit

Deutschland in der Mittelbronzezeit

Deutschland in der Spätbronzezeit

Die nordische Bronzezeit in Deutschland

Dinosaurier in Deutschland. Von Compsognathus
bis Stenopelix

Dinosaurier von A bis K. Von Abelisaurus
bis Kritosaurus

Dinosaurier von L bis Z. Von Labocania
bis Zupaysaurus

Drachen. Wie die Sagen über Lindwürmer entstanden

Höhlenlöwen. Raubkatzen im Eiszeitalter

Johann Jakob Kaup. Der große Naturforscher
aus Darmstadt

Krallentiere am Ur-Rhein. Die Entdeckungsgeschichte
von Chalicotherium goldfussi

Löwenfunde in Deutschland, Österreich und der Schweiz

Menschenaffen am Ur-Rhein. Paidopithex,
Rhenopithecus und Dryopithecus

Mit Gorillas auf Du. Kurzbiografie der Primatologin
Dian Fossey

Mit Orang-Utans auf Du. Kurzbiografie der Anthropologin
und Primatologin Biruté Galdikas

Mit Schimpansen auf Du. Kurzbiografie der Primatologin
Jane Goodall

Monstern auf der Spur. Wie die Sagen über Drachen,
Riesen und Einhörner entstanden

Nessie. Das Monsterbuch

Rekorde der Urmenschen. Erfindungen, Kunst
und Religion

Rekorde der Urzeit. Landschaften, Pflanzen und Tiere

Säbelzahnkatzen. Von Machairodus bis zu Smilodon

Riesen. Von Agaion bis Ymir

Was ist ein Menhir? Interview mit dem Archäologen
Dr. Detert Zylmann

Yeti. Der Schneemensch im Himalaja

Bestellungen bei: http://www.grin.com